KB030641

우아한 우주

EATING THE SUN: Small Musings on a Vast Universe
Copyright © 2019 by Ella Frances Sanders
All rights reserved.

Korean translation copyright © 2021 by PSYCHE'S FOREST BOOKS
This Korean edition was published by Psyche's Forest Books in 2021 by arrangement with Jean V. Naggar Literary Agency, Inc., New York through The Danny Hong Agency, Seoul.

이 책의 한국어판 저작권은 대니홍 에이전시를 통한 저작권사와의 독점 계약으로 도서출판 프시케의숲에 있습니다. 저작권법에 의해 한국 내에서 보호를 받는 저작물이므로 무단 전재와 복제를 금합니다.

우아한 우주

커다란 우주에 대한 작은 생각

엘라 프랜시스 샌더스 지음

심채경 옮김

프시케의숲

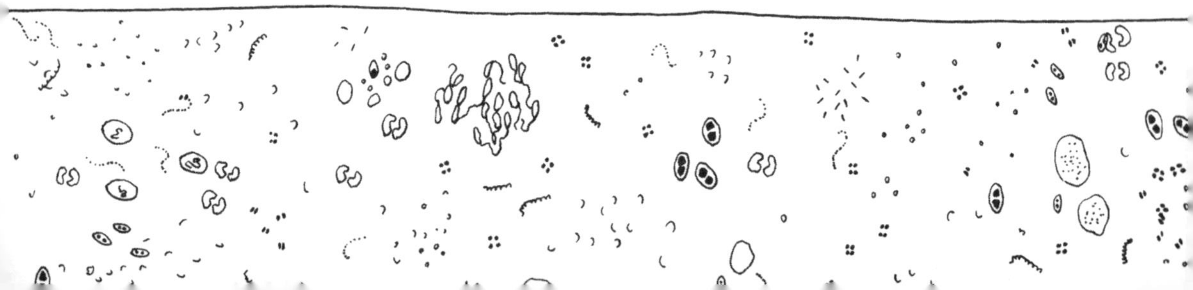

To the ones who
do not regard me
strangely.

나를 이상하게
보지 않는
사람들에게.

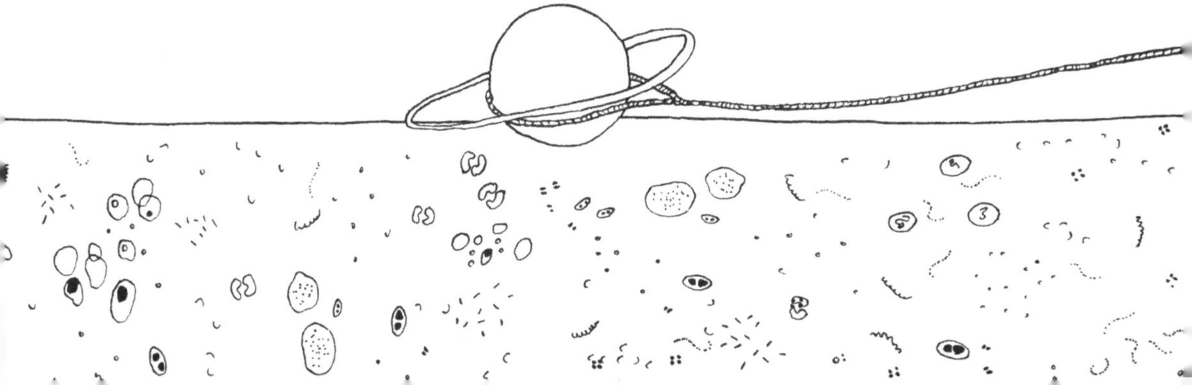

들어가는 말

INTRODUCTION

경이감은 다양한 형태로 찾아온다. 때로는 시끌벅적하게, 때로는 속삭이듯이, 때로는 사랑, 불안, 우울과 같은 다른 감정 속에 숨어든 채로.

나에게 경이감이란 몇 시간이나 꼼짝 않고 별을 보느라 눈이 아플 때까지 밤하늘을 바라보는 것이다. 바다가 가물거리며 스스로 잠잠해지는 것을 지켜보거나, 하늘이 나로서는 도저히 형언할 수 없는 빛으로 물드는 것을 물끄러미 바라보는 것이다. 바위와 화석이 켜켜이 쌓인 층과 허를 찌르는 기발한 상상으로 이루어진 세상. 나는 한 번에 하나씩 주의를 집중해 보지만, 어디를 보고 있었는지 다음에는 결코 찾지 못하리란 것을 안다.

* * *

우주라는, 보이지 않는 물질로 된 우리의 작은 뒷마당에 대해 생각할 때 웃음과 걷잡을 수 없는 눈물 사이의 어떤 균형을 찾아내려 애쓰는 것은 중요하고 분별 있는 일이라고 생각한다.

우주가 얼마나 아름다운지 이해하려는 시도조차 할 수 없음에 울고, 우리가 너무나 결함이 많은 종족임에 울고, 모든 것이 기막힐 만큼 믿을 수 없는 나머지 우리 존재가 마치 벽이 없는 방에 들어 있는 천상의 코끼리처럼 그저 꿈속 풍경에 지나지 않는 듯해 운다.

그런 다음에는? 분명 웃음이 나올 것이다. 우주라는 큰 체계 속에서 우리가 얼마나 말도 안 되게 미미한 존재인가 생각하다가도, 머리부터 발끝까지 인간의 감정으로 가득 차 있는 것을 보면 모든 사물과 사람이 아주 우스꽝스럽고 온통 희극적인 것 같아서 웃음이 나온다. 우리에게 우두머리가 있다니? 엉터리! 여기 책임자가 누구인지 왈가왈부한다고? 엉터리! 우주가 팽창한다고? 엉터리! 비밀을 지켜야 한다고? 엉터리.

* * *

우리는 남은 일을 처리하느라, 난잡한 것들을 보기 좋게 매만지느라, 우리를 조여오는 한계에서 벗어나려 애쓰느라, 거친 상황과 피할 수 없는 것들을 애써 무시하느라 상당한 시간을 보낸다. 할 수만 있다면 스스로를 과거, 현재, 미래로 나누어서, 전에 비해 달라졌다고, 더 잘 안다고, 내재된 무언가를 이해하고 있다고 보여주려 한다. 망설임 없이 시작과 끝을 잇는 멋진 선을 그으려고 한다.

문제는 탁자 바로 맞은편에 늘 혼돈이 자리하고 있다는 것이다. 혼돈은 때때로 신문에서 눈을 들어, 빛깔이 변하고 폭발하는 별들로 가득 찬 커피 잔에서 눈을 들어 흘끗 바라본다. 그리고 기다린다. 당신이 주목할 때까지, 당신이 이제껏 본 중 가장 현란한 혼돈임을 알아챌 때까지, 혼돈의 존재를 뒤늦게 알아차린 당신의 모든 원자가 한꺼번에 비명을 지를 때까지, 그리고 온 사방에 절묘하게 혼돈이 스며들어 있음에 입을 쩍 벌리고 노려볼 때까지 기다린다. 우리라고 해서 최고로 질서정연하게 설계된 건 아니기 때문에 시간이 지나면 이음매가 터진다. 우주도 당신과 같아서, 섬세하고 압도적인 투쟁을 벌인다.

그렇다면, 당신이 어떤 일을 말끔히 마무리하지도 못하고 처음 보았을 때처럼 되돌려놓지도 못한다면 대안은 이것뿐이다. 탄산수 안에서 끊임없이 터져 나오는 공기방울처럼 꾹꾹 눌러 담아둔 수많은 가능성을 계속해서 끌어 올리는 것. 우리 사이의 이야기를, 모든 것이 어떻게 그 모든 것이었으며 우리가 얼마나 많이 사랑했는지에 대한 이야기를 계속 쌓아가기 위해서.

이 책이 그런 이야기의 작은 부분이기를 바란다.

"I break open stars and find nothing and again nothing, and then a word in a foreign language."

ELISABETH BORCHERS

"나는 별들을 부수고 열어 아무것도 발견하지 못하고 또다시 아무것도 찾지 못하다가, 마침내 낯선 언어로 된 단어를 발견한다." _엘리자베트 보르헤르스

차례

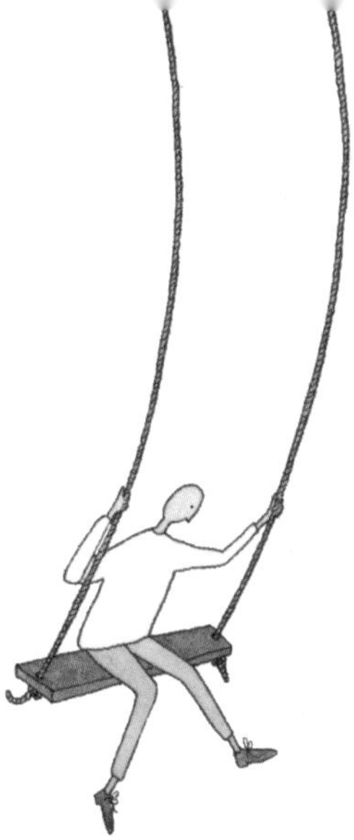

나는 탄소로 이루어졌다

I AM MADE FROM CARBON

당신은 별의 잔해로 이루어졌다.

밤하늘에 장식용 전구처럼 매달린 별들은 눈에 잘 띄지 않으면서도 독특하고 어떤 면에서는 불가능하다고 할 수밖에 없을 만큼 압도적이다. 당신의 하나뿐인 연약한 몸은 그 별들 덕분이다.

일생의 마지막 순간, 별은 단 한 번의 깊은 숨을 쉬고는 안으로 푹 꺼져버린다. 너무 오래 요리한 수플레처럼 말이다. 그 최후의 순간에 별은 자신의 외피를 벗어던져 그 내용물을 우주라는 광막한 무無이자 절대적인 모든 것의 공간에 흩뿌린다. 그렇게 퍼져나간 별 먼지 중 매년 4만 톤이 지구로 떨어지며, 여기에는 지구상의 모든 생명체를 통해 끊임없이 활용될 원소들이 들어 있다.

당신의 몸은 그런 우주적 사건의 결과물, 불타오르던 거대한 별의 잔해로 구성되어 있다. 그렇다, 별은 불타오른다. 우리가 너무도 친숙하게 '해님'이라고 부르는 이 젊은 수소덩어리 별은 중심부 온도가 섭씨 1천만 도나 된다. 그곳에서 수소는 헬륨으로 바뀌고, 헬륨은 다시 천천히 탄소, 질소, 산소, 철, 그리고 우리가 존재하는 이 세상의 모든 원소, 우리를 구성하는 모든 것을 만들어낸다.

어디를 보고 무엇을 만지느냐에 따라 당신은 계속해서 변하고 있다. 당신이라는 존재의 18퍼센트가량을 차지하는 탄소는 당신을 만나기 전 다른 여러 동물이나 자연재해의 형태로 존재했을 수도 있다. 왼쪽 눈썹 위 어딘가에 있는 바로 그 원자? 당신을 찾아오기 전에는 강바닥의 매끄러운 조약돌이었을지도 모른다.

알다시피 당신은 그리 말랑하지 않다. 당신은 암초, 파도, 나무껍질이다. 무당벌레이자 비온 뒤 정원에서 나는 냄새다. 당신은 한쪽 어깨에 역경을 짊어지고도 있는 힘껏 한 발을 내딛는 존재다.

태양을 한 입

EATING THE SUN

우리는 우리가 먹는 것으로 이루어져 있다. 그리고 우리 모두는 태양을 먹고 있다.

태양은 정말 근사하다. 수십억 년 동안 멋지게 타올라왔고, 앞으로도 수십억 년은 더 그럴 것이다. 그런데 우리는 하루에 한두 번 태양을 바라볼까 말까 한다. 해가 눈앞에 낮게 떠 있는 시간에 운전 중이거나, 빨랫줄의 빨래가 마르기를 기다리고 있다면 두어 번 더 바라보는 정도일까.

그러나 오늘, 당신이 식물을 먹었거나 식물을 먹은 동물을 먹었다면 (아니면 조금 이따가 자몽 반쪽을 먹을 생각이라면) 당신은 태양을 먹은 것이다. 간단히 말하자면 태양에서 온 빛과 에너지를 먹었다.

거의 모든 식물 종種이 물, 엽록소, 이산화탄소, 약간의 태양 빛만으로 광합성을 하고 스스로 양분을 만들어낸다(그 양분은 나중에 우리 것이 된다). 이 단계의 초반에는 태양 에너지가 물 분자를 산소와 수소로 분해한다. 식물이 산소를 대기 중으로 돌려보내면 그걸로 우리가 숨을 쉰다. 수소로는 포도당을 만들어 식물이 성장하는 데 필요한 에너지로 활용한다. 식물이 좌우로 조금씩 흔들리고, 시간의 흐름을 따라가고, 제 잎을 조심스럽게 건드리는 호기심 어린 손가락들을 알아채는 데 필요한 에너지다. 우리가 먹어치우는 것은 다름 아닌 먹기 좋은 태양 요리다.

식물과는 달리 우리 동물들은 불타는 별에게서 에너지를 직접 얻을 수 없다. 사실 우리는 움직이고, 숨 쉬고, 어제 오후 3시 22분에 우리에게만 슬며시 웃어준 이를 떠올리는 일에 있어서 어마어마하게 비효율적이다. 그렇게 할 수 있는 건 다 전적으로 식물 덕분이다.

태초부터 우리가 태양의 힘으로 존재해왔다는 것을 생각하면 정말 놀랍다.

알려진 우주 속 가장 밝은 천체

THE MOST LUMINOUS OBJECTS IN THE KNOWN UNIVERSE

당신은 원래부터 빛나는 존재이지만, 그 밝기는 보는 사람에 따라 다르다. 천문학에서는 천체가 빛을 발하는 정도를 광도luminosity라고 하는데, 어떤 시간 동안 모든 파장에 걸쳐 발하는 에너지를 모두 합친 양이다. 광도는 주로 별에 사용하는 개념으로, 별의 크기와 질량, 온도에 따라 달라진다. 밝기 등급(더 정확히 말하자면 겉보기 등급)은 광도와 관련 있긴 하지만, 거리나 위치, 즉 관측자로부터 얼마나 떨어져 있느냐에 따라 크게 달라진다. 아무리 광도가 높은 천체가 빛을 발하며 제 역할을 다하고 있더라도, 상상할 수 없을 만큼 멀리 있다면 우리에겐 그저 흐릿한 티끌로밖에 안 보일 것이다.

지구 표면에 서 있는 인간이 보기에 밤하늘에서 가장 밝은 별은 시리우스인데, 불과 8.6광년 떨어져 있기 때문이다. 하지만 광도가 가장 높은 별은 아니다. 시리우스가 들어 있는 큰개자리에만 해도 광도가 수천 배 이상 높은 별이 적어도 세 개 이상 있다. 아주 멀리 떨어져 있어서 그렇게 밝게 보이지 않을 뿐이다. 반면, 평범한 별이라도 우리가 있는 곳에선 대단히 눈에 잘 띌 수도 있다. 그래서 우리는 아주 오래전에 우리를 향해 출발한 한 점의 밝은 빛을 바라보며 고개를 끄덕이고, 이름을 붙이고, 이웃을 만들어준다.

1963년 2월, 네덜란드의 천문학자 마르틴 슈미트는 하늘에서 유난히 밝은 점 하나를 분석하고 있었다. 처음에는 가까이 있는 별이겠거니 했지만, 실제로는 완전히 다른 천체라는 것을 차츰 깨닫게 되었다. 그 천체는 20억 광년이나 떨어져 있는데도 당시의 밤하늘에서 가장 밝았다. 슈미트는 이 천체를 '준항성체'quasi-stellar object, QSO의 줄임말인 '퀘이사'quasar라고 불렀다. 3C 273이라는 이름이 붙은 이 퀘이사는 처녀자리에 속해 있으며, 제 무리 중에서 광학적으로 가장 밝다.

이 발견이 있은 뒤 지난 50여 년간 수십만 개의 퀘이사가 관측되었다. 퀘이사는 여전히 우주에서 가장 놀라운 천체 가운데 하나이고, 아마도 가장 광도가 높은 천체일 것이다. 태양보다 수십억 배 큰 거대한 블랙홀들을 가진 은하의 중앙에 놓인 퀘이사는 온도가 수천만 도에 달한다. 그 어마어마한 빛은 가까운 몇몇 별들은 물론, 주변의 모든 것을 압도할 만큼 밝다. 그러나 퀘이사가 언제까지나 변함없는 것은 아니다. 어느 때에는 그토록 눈부시지만 10년쯤 뒤에는 평범한 은하처럼 보일 수 있다. 천문학적 관점에서 10년이란 그저 찰나에 불과하다. 그러나 그 짧은 시간 동안 일어나는 일을 관측함으로써 우리는 블랙홀의 식성을 더 잘 이해하게 되었다. 블랙홀은 잠깐 동안에는 아주 게걸스럽게 주변 물질들을 먹어치우지만, 그다음에는 완전히 흥미를 잃어버리는 것이다.

행성의 움직임

PLANETARY MOTION

우주에서 우리 태양계가 차지하고 있는 아주 작으면서도 광대한 공간 안에서만큼은 태양이 다른 무엇보다도 가장 크다. 가장 큰 행성인 목성보다 1,000배나 무겁다. 우리 모두는 달이 우리 지구 주위를 도는 것과 똑같은 이유로 태양이라는 불타오르는 별 주위를 돌고 있다. 중력, 속도, 그야말로 마법 같은 이유로(57쪽 참조).

우리 태양계의 거의 모든 천체가 태양이 자전하는 방향과 같은 방향으로 자전하는데, 이를 '순행'한다고 말한다. 금성이나 천왕성 같은 몇몇 예외도 있다. 금성은 반대로, 즉 '역행'하는 방향으로 돌면서 지구일 기준으로 243일에 한 번씩 태양 주위를 돈다. 천왕성은 훨씬 더 특이한데, 자전축이 상당히 드라마틱하게 기울어져 있어서 옆으로 굴러가는 수준이다. 그러나 그 외의 대부분은 현재의 움직임을 거꾸로 되감아 보면, 우리 태양계가 속한 은하가 형성되던 때까지 거슬러 올라갈 수 있다. 우리는 여전히 그때의 회전을 지속하고 있다. 가스와 먼지 덩어리가 회전하면서 은하가 형성된 이래, 특별히 멈출 일이 없었기 때문이다.

'위성'은 지구 주위를 도는 달처럼 자연적인 위성과 국제우주정거장과 같은 인공 물체에 모두 쓰이는 용어다. 어떤 천체가 규칙적으로 어떤 타원 궤도를 돈다면 거의 확실하게 위성이라고 할 수 있다. 기술적으로 가능은 하겠지만, 궤도는 절대로 완벽한 원이 아니다. 아주 작기는 해도 약간의 편차가 있다. 지구가 태양 주위를 도는 궤도의 편차는 3도에 불과한데, 이는 우리가 지름 100미터짜리 원을 그릴 때 고작 14밀리미터 벗어나는 정도다(태양계 그림 중에는 궤도를 과장해서 길쭉한 타원처럼 묘사하는 경우가 종종 있다).

궤도가 온전한 원이 아니어서 좋은 점이 있다면, '근일점'(행성이 태양에 가장 가까운 지점)과 '원일점'(가장 먼 지점) 같은 현학적인 단어만으로 그 궤도를 설명

내가 뭘 하고
있는 건지 도무지
모르겠어.
나도 그래.

할 수 있다는 것이다. 이처럼 궤도가 원에서 약간 벗어나는 이유는 대체로, 태양의 인력이 엄청나다고는 해도 다른 천체를 계속 같은 정도로 끌어당길 수는 없기 때문이다. 행성은 태양으로부터 멀어질수록 속도가 줄어들다가 원일점을 지나 다시 태양 쪽으로 향하면서 속도를 얻어 태양 근처에서 가장 빨라진다.

겉으로 보기에는 지구처럼 작은 천체가 태양처럼 가만히 있는 무거운 천체 주위를 도는 것 같지만, 실은 모든 천체가 서로의 질량 중심 주위를 각자 돈다. 질량 중심의 위치는 가장 큰 천체의 중심에 아주 가까워서 정적으로 보일 뿐, 행성들의 궤도에 따라 조금씩 움직인다. 태양계 안에 있는 아주 작은 티끌 하나까지도 모두 이 질량 중심에 기여하고 있음에도 불구하고, 우리는 종종 태양이 태양계 전체의 중심에 있다고 말한다. 그도 그럴 것이, 태양계 전체 무게의 99.87퍼센트를 차지하고 있는 태양이 이 중력 게임의 승자이기 때문이다.

태양계 천체들이 어떻게 그리고 왜 움직이는지 잘 (혹은 대충이라도) 알기 전까지는 그들의 움직임을 그저 당연한 것으로 생각하기 쉽다. 그러나 한번 알고 나면 떨쳐버리기 어려울 것이다. 우리의 겸손한 이웃들은 모두 각자 그 긴 낮과 감춰진 밤 동안 느릿느릿하고 희미한 왈츠를 추고 있다. 멈추어서 숨을 고르거나 박수를 청하지도 않고, 그저 계속해서 움직이고 있는 것이다.

열이란 무엇인가

WHAT IS HEAT

'열'은 말 그대로 열적 에너지, 즉 우리가 지각하고 있는 세계의 기체나 액체, 혹은 고체 상태의 원자, 이온, 분자 등의 입자가 움직일 때 발생하는 에너지다. 창틀, 빙산, 물이 반쯤 담겨 있거나 반쯤 비어 있는 잔 등, 단연코 모든 것이 열에너지를 갖고 있다.

입자의 움직임은 군중 속에서 움직이는 사람과 비슷하다. 끊임없이 다른 누군가와 마주치고, 여유 공간을 찾아 서로를 밀치고, 팔꿈치로 밀거나 세게 충돌하기도 한다. 19세기 후반 아주 명민한 몇몇 물리학자들은 이러한 지속적인 충돌을 기반으로 하여 기초적인 '운동 이론'이라는 개념을 정립했다.

어떤 것의 온도가 떨어지면 그 입자의 운동 에너지도 줄어든다. 거꾸로 말하면, 온도가 높아지면 운동 에너지도 증가한다. 모든 사물은 오로지 열의 전달에 의해서만 따뜻해지거나 차가워지므로, 온도는 열이 한 입자에서 다른 입자로 전달되는 정도를 나타내는 척도라고 할 수 있다. 나로부터 당신에게, 커피로부터 티스푼에게로, 여기에서 저기로.

열은 고온의 물체에서 저온의 물체로는 옮겨 가지만 그 반대의 일은 결코 일어나지 않는다. 1870년대에 일련의 논문을 출판한 오스트리아의 과학자 루트비히 볼츠만이 간결하게 설명한 바에 따르면, 그 이유는 놀랍게도 오로지 확률의 문제, 순전히 가능성의 문제다. 볼츠만은 온도 변화가 어떤 절대불변의 법칙 때문이 아니라, 뜨거운 물질 속에서 빠르게 움직이는 원자가 차가운 물질 속의 느리고 차가운 원자보다 통계적으로 더 자주 충돌하기 때문임을 알아냈다. 충분히 여러 번 충돌한 후에는 열에너지가 더 고르게 분포할 것이고, 서로 닿아 있는 두 물체의 온도는 점차 비슷해진다. 그러다가 마침내는 온도가 같아져서 에너지의 교환이

마무리되는 '열평형' 상태에 도달하게 될 것이다.

열은 도통 한 군데에 가만히 있지 못해서 처음의 장소에 머무르지 않는다. 5분 뒤에 돌아보면 전부 어딘가 다른 곳으로 흘러가버린 뒤다.

지독하게 빛나는

HOW TERRIBLY ILLUMINATING

빛에 대해 생각해보자. 간단히 말해, 빛은 우주 속에서 에너지를 다른 공간으로 옮기는 수단이다. 우리가 일반적으로 감탄하며 앉아서 들여다볼 만한 어떤 것을 '빛'이라는 단어로 일컬을 때는 전체 스펙트럼 가운데 광학 혹은 가시광선이라 불리는 일부분만을 지칭한다. 그러나 눈으로 보이는 것만이 전부는 아니다.

가시광선은 전자기 스펙트럼의 중간 영역이다. 스펙트럼이라는 것은 파장이 길고 주파수가 낮은 전파에서부터 파장이 짧고 주파수가 높은 X선까지 모든 종류의 복사radiation를 포함한다. 모든 파장의 빛 복사는 초속 299,792,458미터의 광속으로 움직이는데, 이는 입자나 파동 중 하나만으로는 설명할 수 없다. 물리학자들은 '파동-입자 이중성'이라는 말로 이 해결되지 않는 정의의 문제를 슬쩍 우회한다.

어떤 종류의 빛이 어딘가에서 생성되는 것은 어떤 들뜬excited 원자의 에너지가 높은 상태에서 낮은 상태로 떨어지거나 낮은 상태에서 높은 상태로 이동할 때다. 이렇게 움직일 때 에너지를 얻거나 잃는데, 이 에너지는 광자의 형태로 방출된다. 이처럼 원자를 '들뜨게'exciting 함으로써 빛을 내는 것을 일반적으로 '발광'luminoscence이라는 아주 멋진 단어로 표현한다.

빛의 움직임은 예측 가능한 것이라서 우리가 형태를 만들거나 움직일 수도 있고, 마치 사람들이 보이지 않는 끈을 잡아당겨서 그렇게 한 것인가 싶게 조절할 수도 있다. 빛은 태양으로부터 오기도 하고 다른 알맞게 빛나는 광원으로부터 오기도 한다. 기원이 어디든 빛은 사람들, 건물, 날아가는 새와 같은 우리 주변의 모든 사물에 반사되어 우리가 그 모양을 보고 나중에 깜짝 놀랄 만한 테크니컬러로 재현할 만한 이야기를 만들 수 있게 해준다.

이러한 빛의 독특한 작용은 거울반사와 확산반사로 분류할 수 있다. 거울반사는 빛이 거울이나 유리, 아주 잔잔한 상태의 물과 같은 사물에 의해 아주 잘 정의된 방식으로 반사되는 것이다. 그러나 생명체와 사물의 형태는 거의 대부분 불규칙해서 빛을 확산 반사하며, 그러한 표면에서 빛이 어떻게 산란되는지는 예측하기 어렵다.

빛은 어떤 사물 속에서 나아갈 때 굴절되기도 한다. 이 같은 빛의 '꺾임'은 멀리서도 잘 보기 위해 안경을 쓰는 사람들에게 특히 유용하다. 렌즈를 통해 굴절된 빛을 보는 것이다.

또한 빛은 회절과 간섭 현상도 보인다. 회절은 빛이 어떤 장애물의 주위로 휘어지거나 틈 사이로 지나가는 것이다. 어둠 속에서 눈을 반쯤 감고 가로등을 바라보면 빛이 이상하리만치 길쭉해지면서 빠르고 짧게 움직이는데, 이것이 회절 현상의 한 예다. 간섭은 두 빛의 파동이 만나는 것으로, 두 파동이 서로 아주 잘 들어맞아서 상쇄되거나, 서로 결이 맞지 않아서 더 크게 합쳐지고 변한다. 비눗방울의 표면은 예측하기 어려운 여러 색을 띠는데, 이것이 바로 간섭의 한 예로, 완전히 색다른 방법으로 설거지를 해볼까 생각하게 만드는 현상이다.

강력한 존재인 태양은 언제나 방대한 양의 에너지를 내며, 그중 극히 일부분만이 지구의 우리에게 도달하는데도 우리의 일상을 밝히기에 충분하다. 우리가 보는 것은 언제나 8분 전의 빛인데, 이러한 우주적 지연이 있다고 해서 해지는 풍경이 덜 아름답거나 일몰 시간이 줄어드는 것은 아니다. 태양이 실제로는 이미 져버린 뒤라고 해도, 지연된 태양빛은 당신이 보고 있는 일몰 풍경 속에 아직 남아 있다.

태양이 사라진다면, 그래서 빛도 없고 그 비슷한 무엇도 없게 된다면 우리는 아무것도 볼 수 없을 것이다.

원자라는 예술 작품

ATOMS ARE WORKS OF ART

아무래도 우리는 온도 조절이 잘 되는 넓은 박물관의 하얀 벽에 원자들의 그림을 걸어두어야 할 것 같다. 그걸 바라보면서 조용한 놀라움에 눈을 크게 뜨고 입을 쩍 벌린 채 말이다. 이 원자 갤러리에서 우리는 그림을 가리키며 이렇게 말할 것이다. "자, 봐요! 이렇게 아주 작고 겸손한 것들이 모든 사물을 책임지고 있다니, 상상조차 어려운 일이에요."

1960년대 초, 아주 비범한 미국의 물리학자 리처드 파인만은 강의에서 이렇게 말했다. "만약 어떤 대격변이 일어나서 우리가 알고 있는 과학 지식이 모두 파손되고 오직 한 문장만이 남아 다음 세대의 피조물에 진해지게 된다면, 가장 적은 글자 수에 가장 많은 정보를 담을 수 있는 말은 무엇일까요? 나는 원자 가설(혹은 원자에 관한 사실, 아니면 무엇이라 부르건 간에)이라고 생각합니다. 즉 모든 것이 원자라고 하는, 끊임없이 움직이며 조금 떨어져 있으면 서로 끌어당기지만 너무 밀착되어 있으면 밀어내는 아주 작은 입자들로 이루어져 있다는 것 말입니다. 약간의 상상력과 사고력을 발휘해 본다면, 이 한 문장 안에 온 세상에 대한 어마어마한 양의 정보가 들어 있음을 알게 될 것입니다."

원자는 우주를 이해하는 데 아주 중요하다. 태양 근처는 물론 그 너머에 있는 모든 것이 원자로 이루어져 있다는 믿음은 2,500년 전부터 존재했지만, 원자가 아니면 어떤 것도 생각할 수 없게 된 것은 불과 최근 200년의 일이다. 이제 우리는 터무니없이 강력한 현미경으로 원자를 볼 수 있고, 심지어 능숙히 다룰 수 있다. 아주 조금이나마, 온 우주를 이루고 있는 그 원자라는 것을 이리저리 움직일 수도 있다.

그런 멋진(그리고 최근까지 알려지지 않았던) 개념, 중대하고 불가피한 원자의 특성은 모든 사람과 사물을 아주 평탄한 운동장에 내려놓았다. 잘하거나 못한 결정들, 당신의 능력치, 한 사람으로서의 총체, 그 모든 것은 당신이 일, 십, 백, 천, 만, 억, 조, 경, 해, 자, 양 할 때의 '양'에 해당하는 개수만큼의 원자로 이루어져 있기 때문에 가능한 것이다. 그 많은 수의 원자 각각의 가운데에는 양전하의 핵이 있고 그 주변에는 음전하를 띠는 전자들의 구름이 있다. 이 구름은 춤을 추듯 이리저리 움직이면서 다른 원자들을 매혹하거나 밀어낸다(이 아주 복잡한 마법은 양자역학의 영역으로 남겨두자). 원자가 없다면 여기에는 아무것도 없을 것이다. 당신의 손에 들린 책이나 오늘 아침 당신의 주머니에 들어간 펜, 기함할 만큼 높은 빌딩도 말이다. 원자가 아니었다면 질량도, 분자도, 물질도 존재하지 않았다. 나도, 그리고 당신도.

식물이 더 잘해

PLANTS BEHAVE BETTER

우리 인간은 식물에 비하면 믿을 수 없을 만큼 근시안적이다. 인간이 엄청나게 빨리 삶을 오가는 동안 식물은 수백 년, 때로는 수천 년의 삶을 산다. 어쩌면 그 시간 규모의 차이 때문에 우리는 식물을 집단 개념으로 보호하거나 이해하지 못한다.

이제야 우리는 식물을 좀 더 잘 이해해보려고 한다. 식물에게는 정보를 교환하는 신경 세포인 뉴런은 없지만(거의 모든 동물에게서 흔히 발견된다), 나름의 지능이 있다. 그에 관해 연구하는 식물 신경생물학 분야의 전문가들은 식물에도 기억, 학습, 문제해결 등의 특성이 있는 것을 발견한 바 있다. 여기서 '지능'이라는 단어가 자주 쓰이는 것을 두고 의식이나 의식의 복합성과 혼동해서는 안 된다. 인간을 논할 때 쓰는 단어로 식물에 대해 얘기하면 문제가 생길 수 있다. 식물은 우리와 우선순위가 다르기 때문이다. 우리가 떠난 후에도 식물은 제자리에 남아 우리가 남긴 그 모든 혼란을 수용하지 않는가.

식물이 아주 미묘하고 화학적으로 복잡한 생존 방식을 진화시켜야 했던 것은 바로 한 곳에 고정되어 있기 때문이다. 식물은 다른 어디로도 가지 않은 채로 먹고 자라고 번식하고 스스로를 방어해야 하므로, 반드시 아주 가까운 주변 환경에 대해 대단히 잘 알아야만 한다.

나무는 식물의 복잡성과 지능을 보여주는 아주 화려한 예시다. 나무의 뿌리 체계는 '균근균'을 통해 직간접적으로 얽혀 있는데, 균근균은 나무뿌리에 살면서 절반씩 우위를 점하는 공생 관계를 형성한다. 이 균이 없으면 나무는 토양 속 미네랄에 제대로 접근할 수 없고, 균은 엽록소가 없으므로 나무가 없으면 어디에서도 전혀 자라지 못한다.

나무는 자신들의 뿌리와 다른 종의 뿌리를 구별할 수도 있는 것으로 보인

다. 비슷한 종이라고 해도 말이다. 나무가 병들었거나 어려운 시기에는 경쟁자와 양분을 나누고 서로의 영양 공급을 돕는데(사시나무는 침엽수에 비해 겨울을 잘 나지 못해서 침엽수가 도움을 준다), 이 모든 것은 오로지 혼자 살아남으려 애쓰는 것보다는 서로 돕는 것이 분명 생존에 도움이 되기 때문이다. 사실, 나무의 뿌리는 때때로 옆의 나무와 너무 심하게 연결된 나머지 마지막 순간에 함께 죽기도 한다.

우리에 비하면 아주 느리게 움직이지만, 어떤 면에서 나무들은 자신이 뭘 하고 있는지 정확히 안다. 인간의 신경 자극은 근육을 움직일 때 초당 119미터, 고통의 신호를 전달할 때는 초당 0.61미터의 속도로 이동하는데, 나무의 전기 자극은 고작 초당 0.00014미터, 분당 8.46밀리미터의 속도로 움직인다. 우리가 보기에는 느릿느릿한 것 같아도, 사실 나무는 자신들이 맞닥뜨리는 기후나 바이러스, 토양의 변화 등의 스트레스 요인에 아주 적절히 대응하는 것이다.

아직도 매년 수천 종의 새로운 식물이 발견되고 있지만, 우리가 이미 알고 있는 식물 다섯 종 가운데 하나 이상이 멸종 위기에 놓여 있다. 식물은 언제 어디에나 있기 때문에 인류가 얼마나 식물에 의지해 식량, 연료, 약, 재료를 얻는지, 이 행성의 온도와 기후, 구성 성분을 조절하는 데 어떤 역할을 하고 있는지 잊기 쉽다. 우리가 너무 많은 것을 기대하고 추구하고 있음이 갈수록 분명하게 드러나고 있다. 작고한 민족식물학자 팀 플로우먼의 말을 빌리자면, "식물은 빛을 먹을 수 있다. 그걸로 충분하지 않은가?"

우유 빛깔 태양 은하계

MILKY SOLAR GALAXY SYSTEMS

정리를 좀 해보자.

태양계와 유사한 행성계는 어디에나 있고, 우리 태양계에는 태양이라 불리는 별 하나의 주위를 행성들이 둘러싸고 있으며, 그 외에 태양 주위를 직간접적으로 도는 다른 천체가 여럿 있다(우주에는 우연이란 없으므로, 우연히 그러는 천체는 없다). 위성, 소행성, 암석, 그리고 엄청난 양의 먼지 같은 것 등이다.

우리 태양계는 미리내 혹은 은하수라고 부르는 우리 은하 안에 자리 잡고 있다. 은하 안에는 엄청나게 많은 수의 별 집단이 있고, 각 집단은 서로 엄청나게 넓은 공간을 사이에 두고 떨어져 있다. 우리 은하는 너비가 11만 광년 정도 되며, 태양은 그 안에 들어 있는 1천억 내지 4천억 개의 별들 중 하나일 뿐이다. 그 모든 별은 대부분 각자의 행성들을 거느리고 있다. 은하란 사람의 에고ego처럼 다양한 크기로 존재한다. 우리 은하가 아무리 크다고 해도 안드로메다은하처럼 훨씬 더 큰 이웃이 있기 마련이다.

'우주'universe라는 용어는 지금까지 관측되었거나 앞으로 관측될 모든 은하를 총칭하는 것으로, 알려지거나 알려지지 않은 모든 천체와 우주적 경이의 총체다. 1920년대만 해도 천문학자들은 우주에 있는 모든 별이 우리 은하에 속해 있다고 생각했는데, 실제로는 다 헤아릴 수도 없을 수십억 개의 은하가 존재한다는 것을 알고 있는 지금 보면 아주 깜찍한 생각이다.

사실 지금까지 우리는 오로지 볼 수만 있었다. 고급 망원경으로 아주 멀리 떠다니는 수십억 개의 은하와 관련 현상을 관찰할 수 있고 정교하리만큼 자세히 연구할 수 있지만, 우리가 결코 손에 넣을 수 없는 것도 있다. 영원히 팽창하고 있는 우주 속에 살고 있기에 당연한 결과다.

2014년 9월, 천문학자들은 우리 은하가 속한 은하군의 너비가 5억 광년이나 된다는 것을 깨달았다. 이전에 생각했던 것보다 질량과 부피가 100배나 더 크다는 것이다. 은하는 은하군이나 은하단의 단위로 서로 뭉치는 경향이 있다. 그보다 더 크고 더 빽빽한 집단은 '초은하단'이라고 부른다. 알고 보니 우리는 어떤 초은하단 안에 살고 있었다. 천문학자들은 그 영역의 지도를 만들고 하와이어로 "헤아릴 수 없는 천국"이라는 뜻의 라니아케아Laniakea라는 이름을 붙였다.

이 말이 당신의 마음에 빛이 들게 하지 않는다면 무엇이 그럴 수 있을까.

오늘 당신답지 않아

YOU ARE NOT YOURSELF TODAY

'당신'이나 '자신'이 변함없다는 생각은 애초에 혼란과 모순으로 가득 차 있어서, 그런 생각을 너무 오래 하다 보면 기분이 나빠지고 의구심이 들 수 있다. 5분 전, 몇 시간 전, 수년 전의 당신 모습을 줄줄이 꿰어보면, '자신'이라는 개념은 필연적으로 신체나 겉모습 같은 것과 기억 같은 것에 얽혀 있다. 당신 자신을 어떤 특정한 '사람'이라고 단정할 수 없는 것은 분명하다. 오히려 당신은 현재의 '자신'과 과거나 미래의 당신을 연관시킬 수 있는, 끊임없이 이어지며 주제가 바뀌는 어떤 줄거리와 비슷하다.

우리는 우리 자신과 이 세상을 어떤 이야기의 일부로 이해하려는 듯하다. 우리와 대화하고 상호작용하는 주역들이 있고, 시작과 중간과 끝이 있는 이야기 말이다. 뇌는 상반되거나 모순되는 증거와 마주칠 때조차도 이야기나 줄거리를 꼭 만들어내려고 한다. 또한 우리 삶의 모든 것은 다른 사람들, 그리고 그들이 우리를 어떻게 생각하는가와 깊은 관련이 있다. 우리 모두는 어떤 식으로 행동하거나 혹은 그러지 않겠다고 생각하지만, 종종 명백히 "배역에 걸맞지 않는" 행동을 하는 바람에 놀라곤 한다. 당혹스럽게도, 우리가 말하고, 행동하고, 생각하는 데 궁극적으로 영향을 미치는 이러한 삶의 측면을 우리는 결코 선택하거나 통제할 수 없다.

당신의 상황에 따라 자아에 관한 질문에 답하는 방법들은 달라지거나 때로 모순되기도 한다. 18세기 스코틀랜드의 철학자 데이비드 흄은 자아란 지각의 다발에 지나지 않는다고 했고, 미국의 철학자 대니얼 데닛은 "이야기의 무게 중심"이라고 했다. 한편, 사회심리학자 헤이즐 로즈 마커스는 "당신 혼자서는 자아가 될 수 없다"고 했다.

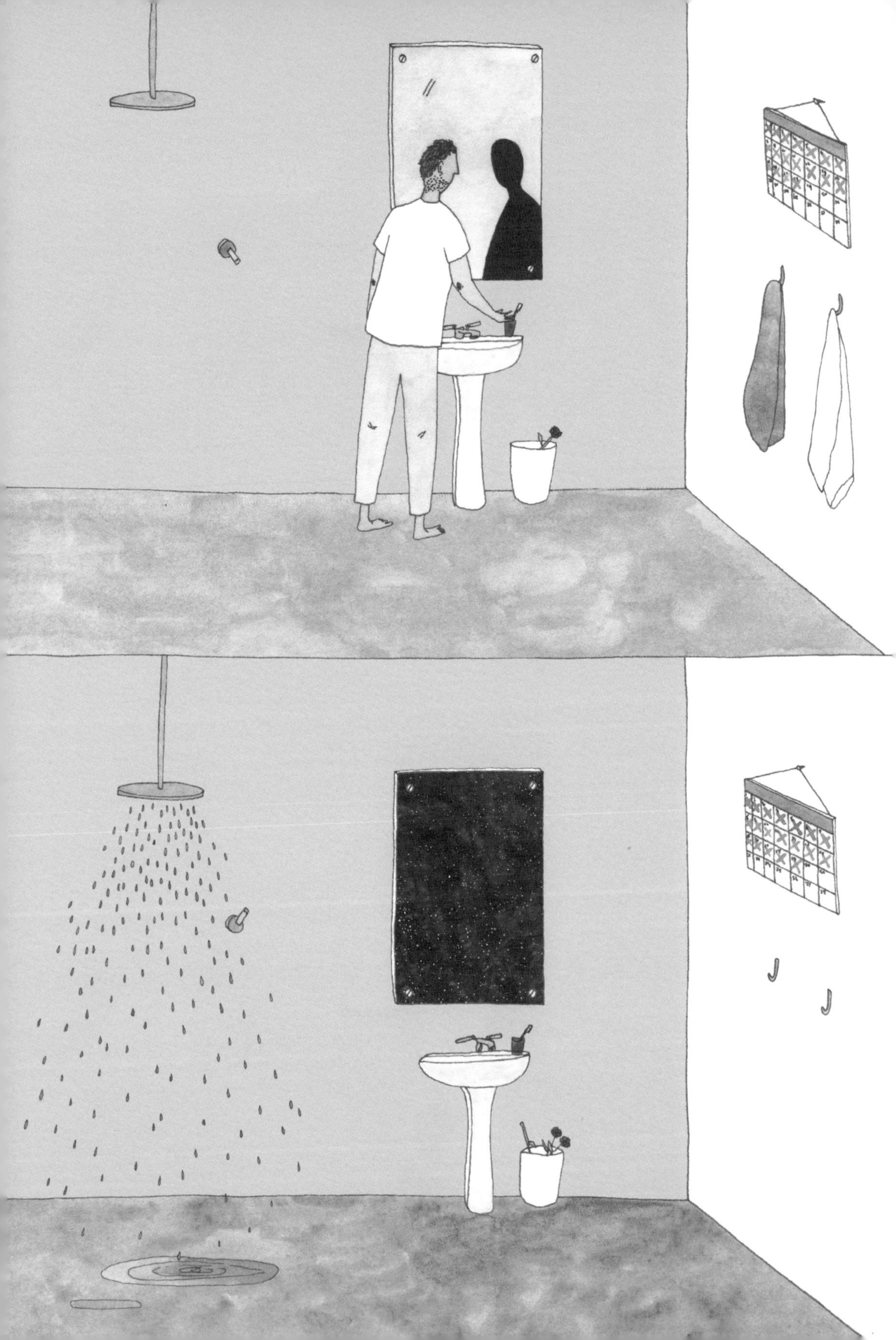

당신은 어쩌면 스스로 생각하는 것만큼 그렇게 빛나거나 독보적으로 중요한 존재는 아닐지 모른다. 그렇지만 우리가 그럭저럭 살아남기 위해서는 약간의 자아 관념이 필요해 보인다. 이는 우리 삶에서 사랑이나 배움, 우리가 주목하는 것들 등 여러 가지에 요긴할 수 있다. 하지만 당신이 끊임없이 만들어내고 있는 이 '자신'은 가만히 서서 기다리면 알아서 찾아오는 존재가 아니다. 관심을 기울여야 한다. 때로는 불가피하게 큰 문제에 맞닥뜨릴 수도 있다. 그럼에도 나와 내 자신, 나와 우리 안에 수많은 존재가 들어 있음을 기억한다면 아마도 조금이나마 안심이 될 것이다.

미토콘드리아 이브

MITOCHONDRIAL EVE

우리는 종종 우리가 어디서 왔는지, 누구인지를 알고자 하는 개인적 열망에 사로잡힌다. 당연히 우리가 생각하는 그 사람들일까? 전혀 아닐 수도 있다.

유전적으로 말하자면 우리 인간은 다들 거의 똑같아서, 어디에 있는 어떤 사람들이라도 DNA의 99.9퍼센트를 서로 공유한다. 놀랍게 들리겠지만, 생각해보라. 우리의 DNA는 침팬지와 불과 1.3퍼센트만 차이가 난다. 또한 고양이와는 90퍼센트 닮았고, 소와는 80퍼센트, 닭이나 초파리와는 60퍼센트 정도, 심지어 바나나와도 50퍼센트나 닮았다. 지구상의 모든 것이 일정 비율의 유전자 동일성을 갖는다니, 이는 아주 인상적이기도 하고 반대로 아무 의미 없어 보이기도 한다.

'게놈'이란 완전한 DNA 한 세트를 의미한다. 당신의 게놈에는 과거와 현재, 그리고 미래의 당신을 만들어내고 다듬는 데 필요한 매뉴얼이 모두 들어 있다. DNA를 구성하는 모든 분자는 각각 염기쌍으로 구성된 두 개의 가닥으로 꼬여 있는데, 마치 다른 사람과 함께 춤을 추지만 서로 그다지 가까이 붙어 있고 싶지 않아서 어색한 춤사위를 만들어내고 있는 것처럼 보인다. 인간의 게놈은 약 30억 개의 염기쌍으로 되어 있지만, 우리는 그중 0.1퍼센트의 차이만으로 서로 다른 사람이 된다. 좀 이상하게 들릴지는 몰라도, 이 사소한 차이로 지구상에 존재했던 모든 인류의 다양성을 다 설명할 수 있다.

유전적 특징을 따라 과거로 거슬러 올라가보면, 우리가 "가장 최근의 공통 조상" 혹은 MRCA라고 부르는 존재에 닿을 수 있다. 모든 다른 유기체의 직접적인 조상이 되는 종의 가장 최근 개체를 이르는 말이다. 유럽인의 경우 가장 최근의 공통 조상은 400년에서 600년 전에 살았던 반면, 현재 지구상에 사는 모든 인류의 MRCA는 약 3,000년 전에 살았을 것으로 생각된다.

그러나 더 거슬러 올라가서, 모계(어머니 쪽을 따라서)와 부계(아버지 쪽을 따라서) 공통 조상을 대강 파악해볼 수도 있다. "미토콘드리아 이브"라고 알려진 여성 조상을 찾아 모계를 거슬러 올라가는 데 미토콘드리아 DNA가 활용되었다. 이러한 종류의 DNA는 완전히 배타적으로 어머니 쪽으로만 전해지기 때문에 세대가 이어져도 완전히 바뀌지 않은 채 보존된다. 미토콘드리아 이브는 약 20만 년 전에 살았던 것으로 여겨진다. "Y-염색체 아담"이라 불리는 남성 조상은 남성 개체 사이에서 재조합 없이 전달되는 Y 염색체를 통해 추적해냈다. Y-염색체 아담은 23만 7,000년 전에서 58만 1,000년 전 사이에 살았던 것으로 생각된다.

이러한 사실이 유전학자들에게 무엇을 의미하는지는 아직 명확하지 않으며, 인간이 어떻게 지구상에 퍼지게 되었는지에 관한 대조적인 이론들이 여전히 있다. 미토콘드리아 이브와 그 후손들이 아프리카를 떠나면서 다른 모든 종류의 사람을 이주시켰는지(이른바 '아프리카 기원' 이론), 아니면 비슷한 시기에 여러 지역에서 다양한 형태로 지구 전체에 분포하게 되었는지에 대한 것들이다. 미토콘드리아 DNA 같은 것을 이용해 만드는 인류 지도는 완벽하지 않고, 화석 연대 추정을 통해 그려보는 인류의 타임라인도 그때그때 달라진다. 이런 상황은 "인류 기원에 관한 과학의 대변혁은 우리 손에 달려 있다"라고 한 유전인류학자 존 호크스의 말로 정리된다.

우리의 미세한 차이가 분명히 드러나 있듯이, 우리의 동질성 역시 더욱 그렇다. 당신의 DNA는 당신의 여권 속에 뭐라고 적혀 있는지에는 완전히 무관심하며, 느리고 질서정연한 생물학적 진행에만 관련되어 있다. 우리가 여전히 영토와 국경을 주장하거나 문화적인 분열을 광적으로 정당화하는 방식은 유전적인 관점에서 볼 때 이상하고 구식인데다 결정적으로 미개해 보인다.

우리는 아직 어떤 식으로 존재해야 할지 제대로 알아내지 못한 게 확실하다.

파랑이 있는 곳으로

I'LL BE WHERE THE BLUE IS

파란색을 좋아하지 않는 사람을 찾기는 어려울 것이다. 그런 사람이 있다면 표면의 71퍼센트가 반짝거리는 소금물로 덮여 있고 하늘은 흔히 짙은 푸른색을 띠는 지구에서의 삶을 견디기 힘들 테니 말이다. 이 색깔이 그처럼 모든 것을 아우르고 있는 것을 보면, 인류 역사의 상당 기간 동안(이집트인을 제외하면) 우리에게 그것을 표현할 단어가 없었다는 게 이상해 보인다.

사실, 자연에서 파란색은 믿을 수 없을 정도로 눈에 잘 띄지 않는다. 안토시아닌을 많이 함유한 식물(가장 좋은 예는 블루베리일 것이다)은 무척 파랗지만, 대부분의 동물은 그런 색을 만들어내지 않는다. 그러니 '파란' 생명체가 있다고 한다면 그건 대부분 그렇게 보일 뿐, 사실은 무지개나 선택적 반사(25쪽의 빛에 관한 내용 참조)의 결과다.

북미의 새인 파랑어치(학명 *Cyanocitta cristata*)나 하늘이 파랗게 보이는 것은 모두 '레일리 산란'이라고 부르는 현상 때문이다. 파랑어치의 깃털에는 멜라닌이 들어 있는데, 본래는 검게 보이겠지만 깃털 사이의 미세한 기포들이 빛을 산란시켜서 우리 눈에는 다양한 파란색으로 보인다. 그리고 하늘을 올려다 볼 때 우리는 햇빛이 지구 대기로 들어와 공기 속의 입자들과 충돌하는 것을 보게 되는데, 파란색은 빛이 포함하는 여러 가지 색 중에 파장이 가장 짧고 작아서 더 많이 산란된다. 그 산란의 결과는? 바로 파란 하늘이다.

바다가 푸른 것도 같은 이유에서다. 물 분자가 빛의 빨강, 노랑, 초록에 해당하는 파장은 흡수하고 파랑의 파장만 남겨두기 때문이다. 그러나 빛이 물속 입자나 침전물에 튕겨 나올 때는 초록색이나 심지어 빨간색이 보이기도 한다. 빛보다도 바다의 색에 가장 큰 영향을 주는 것은 식물성 플랑크톤이다. 엽록소를 포함

이게 뭐야?
파랑.

하는 작은 조직이 광합성을 하고 빛의 스펙트럼 중 초록색을 반사하기 때문에, 물에 식물성 플랑크톤이 번성하고 있으면 카리브해의 맑은 물처럼 그렇지 않은 곳에 비해 훨씬 더 초록색으로 보인다.

프러시안 블루, 다크 블루, 코발트 블루. 눈을 깜박이면 그 파랗게 그리운 색.

장거리 관계

LONG-DISTANCE RELATIONSHIPS

별들 사이의 거리는 알기 어렵다. 천문학자들은 우주적으로 넓은 그 간격을 측정하기 위해 우주의 팽창이나 별의 색(겉보기색은 별의 표면 온도와 나이에 따라 다르다), 별빛이 변하는 정도 등을 활용한다. 그중 가장 많이 사용되는 것이 시차視差다.

시차는 물체가 눈에 보이는 것과 실제 위치 사이의 차이다. 얼굴 앞에 연필을 들고 양쪽 눈을 번갈아 감으면 연필이 움직여 보이는 것처럼, 자리를 옮겨서 보면 대상의 위치가 달라 보인다.

배경이나 다른 멀리 있는 천체와 비교할 때 별의 위치가 다르게 보이는 현상을 '별의 시차'라고 부르는데, 이는 우주에서 거리를 측정하는 가장 오래된 방법이다. 천문학자들은 별의 위치를 한 번 기록한 다음 여섯 달 뒤에 다시 확인해서 별이 얼마나 움직였는지 측정한다(이 방법에는 삼각형이 여러 개 필요하다).

시차를 뜻하는 영어 단어 'parallax'에서 파섹parsec이라는 거리 단위의 'par'가 나왔다. 1파섹은 3.26광년 혹은 31조 킬로미터에 해당한다. 파섹은 우주에서 거리를 잴 때 가장 유용한 단위 중 하나이지만, 우리 은하 너머의 거리를 잴 때는 훨씬 더 큰 단위가 필요하다. 우리 은하에 비교적 가까운 대상에는 킬로파섹을 사용할 수 있지만, 대부분의 외부 은하를 얘기할 때는 메가파섹을, 더 멀리 있는 은하나 퀘이사(17쪽 참조)에는 기가파섹(10억 파섹에 해당)을 쓴다. 우리가 알고 있는 가장 먼 우주의 끝자락을 "입자 지평선"이라고 하는데, 우리로부터 14기가파섹, 다시 말하면 450억 광년 이상 떨어져 있다.

망원경을 지구 표면에 설치하면 지구 대기 때문에 별의 모습을 선명하게 보기 어렵고 대략 100파섹 이내의 거리에 있는 별들만 제대로 볼 수 있는 한계가 있다. 다행히도 우주에 망원경을 설치하면 그런 한계를 극복할 수 있고, 지구에 발이 묶인 채 관측할 때보다 훨씬 멀리 있는 천체들 사이의 거리도 잘 측정할 수 있다.

보다 정밀한 거리는 천문단위 혹은 AU라는 거리 단위로 측정한다. 1AU는 지구와 태양 사이의 거리이므로 1,000파섹보다 가까이 있는 천체를 다룰 때 유용하다. 그보다 먼 거리는 '우주 거리 사다리' 혹은 '외부은하 거리척도'라고 알려진 것으로 계산하는데, 여러 가지 다른 방법 사이의 상관관계와 상호 간의 영향을 종합적으로 판단하는 것이다.

짧게 말해, 우주적 거리를 계산하다 보면 사람이란 무척, 대단히, 압도적으로 작게 느껴진다.

당신의 마음을 아프게 하는 구름

CLOUDS TO BREAK YOUR HEART

구름은 언제나 우리 행성의 3분의 2를 뒤덮고 있다. 지구의 리듬에 내재되어 있는 존재이기에, 구름이 우리 행동의 많은 것을 결정한다는 건 그리 놀랍지 않다. 무슨 신발을 신을지, 기꺼이 기다릴지, 어떤 이동수단을 탈지와 같은 행동들을 말이다. 구름은 당신 대신 그런 결정을 내리는 것을 매우 기쁘게 여긴다. 우리는 어떤 날엔 어둑어둑한 하늘 때문에 며칠이고 실내에 머무르기도 하고, 현저히 푸른 하늘 때문에 마침내 튤립 구근을 심기도 한다. 구름의 속삭임을 부지불식간에 듣는 것이다.

기상학자들이 모델링하고 예측하기는 어렵지만, 그럼에도 구름은 언제나 변함없이, 안심할 수 있을 정도로 존재한다. 구름은 '응결핵'이라고 불리는 대기 중의 연기나 먼지 혹은 소금과 같은 미세한 입자에 물방울이나 얼음 결정이 단단히 얽히면서 생겨난다. 공기가 물을 더 이상 함유할 수 없을 만큼 포화될 때 일어나는 일이다. 수증기가 그런 응결핵 주위로 응결될 때 작은 구름 방울이 생겨난다. 수천 수백만의 작은 구름 방울이 모이면, 믿기 힘들겠지만 커다란 코끼리 100마리의 무게에 달하는 무거운 구름이 된다.

그렇게 무거운데도 구름 속의 물은 믿을 수 없을 만큼 넓게 퍼져 있고, 한 개의 구름 방울처럼 작은 것에 미치는 중력의 영향은 거의 느껴지지 않는다. 작은 구름 방울이 자라다가 충분히 무거워지면 마침내 비가 되어 우리에게 떨어진다. 떨어지지 않으면 그 자리에 계속 머무를 테고, 그럼 우리는 구름 그림을 그릴 수 있다. 우리에겐 구름이 태양 복사를 반사하고 분산시켜주는 것과, 지구의 열을 붙잡아 두었다가 다시 방출해서 냉각의 반대 효과를 일으켜주는 것이 필요하다. 구름 속의 입자는 다양한 파장의 모든 빛을 동등하게 대하고, 태양빛도 파장 차별

없이 전부 산란시키기 때문에 구름은 보통 고상한 흰색으로 보인다. 드리워진 구름층의 두께나 하늘에서 태양의 위치(예를 들면, 일출 무렵 태양의 낮은 높이) 같은 것 때문에 구름의 색은 흐릿한 분위기 속에서 흰색과 회색이 한없이 미묘하게 어우러지며 서정적으로 변화한다.

구름을 구분하는 시적인 라틴어 이름들, 난층운nimbostratus, 야광운noctilucent, 권운cirriform, 렌즈구름lenticularis부터 심미적 즐거움을 주는 찰나의 물리적 형태와 잠재적 파괴력에 대한 이름들, 여름의 폭풍우와 허리케인hurricanes, 장마철monsoon season과 바다의 토네이도까지, 구름이 얼마나 다양하고 미묘한지 알아차리기 시작하면, 당신의 마음은 틀림없이 벅차오를 것이다(올려다보느라 목은 아프겠지만).

TIME
정가는 제각각
다릅니다.

지금이 정확히 몇 시인지 아는 사람?

DOES ANYBODY ACTUALLY KNOW WHAT TIME IS

시간에 대한 우리의 개념과 이해는 늘 조금씩 변화하고 발전해왔지만, 시간은 우주를 통틀어 가장 콕 집어 말하기 어려운 특성 중 하나로 남아 있다. 시간은 상대적이기도 하고 가상이기도 하고 진짜이기도 하기 때문이다. 근본적으로, 시간은 적어도 당신과 내가 파악할 만한 방식으로는 존재하지 않으며, 우리가 '시간'이라고 부르는 것의 대부분은 그저 지나간 기억이거나 미래의 예측일 뿐이다.

고대 문명은 시간의 흐름을 나일 강의 연례 홍수나 해시계의 그림자 길이 변화 등으로 측정했고, 오늘날 우리는 아인슈타인의 일반 상대성 이론을 통해 시간의 흐름을 이해하고 있다. 이 이론에 따르면 시간은 그저 하나의 좌표일 뿐이다. 시간은 항상 같은 속도로 흐르는 것이 아니고 단순한 직선도 아니며 4차원의 시공간 상에 존재한다.

시간은 대칭적이지 않다. 내재된 비대칭성에 따라 시간은 한쪽으로만 흐른다. 1927년, 아서 에딩턴이라는 영국의 천문학자는 시간이 대칭성을 가진다면 세상이 지금처럼 존재할 수 없고 뒤죽박죽이 되리라는 것을 깨닫고 '시간의 화살'이라는 용어와 개념을 제시했다. 시간이 뒤죽박죽이라니 바로 와닿진 않는다. 예를 들자면, 행성이 태양 주위를 도는 영상을 거꾸로 되감으며 본다고 해도 모든 물리 법칙이 변함없이 유지되기 때문에 정상적으로 재생했을 때와 별다른 차이를 잡아낼 수 없다. 그러나 누군가가 책을 바닥에 떨어뜨리는 비디오를 거꾸로 재생한다면, 책이 위로 올라가는 것처럼 이상하게 보일 것이다. 우리가 과거를 기억하지만, 미래는 기억할 수 없는 것처럼.

'시간의 화살'이라는 용어는 19세기에 발견된 열, 일, 에너지, 온도 사이의 상관관계를 정의하는 네 가지 법칙 중 하나인 열역학 제2 법칙에 밀접히 관련

된 것으로, 대개는 시간의 열역학적 화살을 뜻한다. 이 법칙에 의하면 닫힌계에서는 엔트로피가 증가하기만 한다. 여기서 닫힌계는 우리 우주를 가리키며, 엔트로피는 무질서와 혼란스러움의 정도를 나타내는 척도다. 시간이 흐르면 엔트로피는 증가한다. 엔트로피로 시간을 측정할 수는 없지만 우리는 우주에 존재하는 에너지가 완전한 혼돈을 향해 서서히 그러나 분명히 움직인다는 것은 안다. 무언가가 저절로 정돈되는 일은 일어나지 않으며 우리는 어제로 돌아갈 수 없다. 열역학 제 2 법칙은 우연히도 시간에 방향을 부여한다.

시간의 화살에는 여러 가지가 있고, 화살끼리의 연결 관계가 다양하다. 우주론적 화살은 우주가 팽창하는 방향을 나타내고, 복사 화살은 어떤 파동이 원천으로부터 바깥쪽으로 퍼져 나가는 것을 말하며, 인과의 화살은 앞서 일어난 일의 영향이 다음 일의 원인이 되는 것을 나타낸다. 시간의 대칭성을 말하는 양자 화살은 슈뢰딩거 방정식과 긴밀히 연결되어 있지만, 다른 화살들과 어떤 관계를 이루는지는 잘 알려지지 않았다. 심리학적 화살도 있는데, 우리의 인지가 알고 있는 과거로부터 미지의 미래로 움직여가는 것을 말한다.

시간의 구조는 문화권마다 상당히 다를 수 있고, 이는 우리의 경험에 직접적인 영향을 미친다. 어떤 언어로는 과거가 뒤에 있고 미래가 앞에 있다고 표현하지만, 다른 언어로는 과거가 앞에, 미래가 뒤에 있다고 표현한다. 과거는 볼 수 있는 것인데, 무언가를 보려면 앞에 있어야지 뒤에 있으면 보이지 않기 때문이다. 또 어떤 언어로는 시간을 일컬어 지나온 거리라고 하며, 다른 언어로는 꽉 찬 하루하루의 양이 많아지는 것이라고 한다. 영어에서는 시간을 왼쪽에서 오른쪽으로 흐르는 선형적인 것으로 보고, 중국어를 사용하는 사람들은 시간을 위와 아래의 관점으로 보며, 그리스 시대에는 시간이 크거나 작다고 말할 수 있었다. 우리는 어떤 단어를 그 단어가 대변하는 사물이나 현상 그 자체라고 얼마나 쉽게 오해하는지.

하지만 다 괜찮다. 우리가 밤하늘을 물끄러미 바라보며 당혹스러워 할 때만큼은 과거를 곧장 바라보고 있는 것이니까. 빛은 초당 299,792,458미터의 속도로 움직일 수 있지만, 그 거리가 의미하는 건 빛이 우리가 그리워할 준비가 되기 전까지는 도착하지 않는다는 것이다. 중력이 센 곳에서는 시간이 천천히 흐르기 때문에 당신 정수리의 신체 나이가 발에 비해서 아주 미세하게 더 많고, 줄줄이 늘어선 산이 대양의 바닥보다 조금 더 늙었다. 그리고 당신이 아래쪽에 있든 왼쪽에 있든, 북쪽에 있든 내 뒤에 있든, 당신이 내일 모레 전화를 걸어오든 당신이 전화했던 것을 내가 그저 잊어버렸든 간에, 우리가 질서와 혼돈 사이 어딘가에서 만나기로 할 때 당신이 제 시간에 나타날 것을 나는 확신한다.

달이 저 높은 곳에 머무는 이유

WHAT KEEPS THE MOON UP THERE

우리 태양계에는 수많은 상호 인력이 존재한다. 예를 들면 좋은 타이밍, 중력, 웬만해선 잘 생기지 않는 러브 스토리 등이다(가장 흔한 것은 중력이다).

달에 대해 말하자면, 달은 오로지 지구만 바라본다. 지구는 우리 주위를 도는 달을 잡아당기며 중심으로 향하는 중력인 '구심력'을 행사하고, 달은 우리를 잡아당기며 중심에서 벗어나려는 힘인 '원심력'을 행사하면서 서로 완벽한 균형을 이룬다. 자기만의 세계에서 길을 잃어버린 달은 시속 3,683킬로미터로 움직인다. 이처럼 우주에 있는 물체는 방해를 받지 않는 한 고맙게도 하던 대로 계속 움직이려고 한다(이것을 관성이라고 부른다).

달이 결코 우리 곁을 떠나지 않는 것은(비록 해마다 3.8센티미터씩 멀어지고 있기는 하지만), 달의 속도와 서로 동일하게 당기는 인력이라는 물리 법칙들 사이에서 줄타기를 잘 하고 있기 때문이다. 거의 마법에 가까운 이러한 힘은 무엇이든 질량을 가진 것은(행성도, 별도) 자신 주변의 시공간을 휘게 만들기 때문에 존재한다. 더 무거운 지구가 만드는 시공간의 휘어짐은 달에까지 영향을 미치는데, 달에게 지금과 같은 궤도를 돌라고 거의 '말하고' 있는 것처럼 보일 만큼 지배적이다. 그래도 달은 별로 신경 쓰지 않을 것 같다. 우리를 외면할 수 없을 테니까.

히룬도 루스티카
말루스 푸밀라
호모 사피엔스
룸브리쿠스
테레스트리스
스콜로펜드라
싱굴라타

분류

CLASSIFICATION

모든 살아 있는 유기체는 공유하고 있는 단일한 성질에 따라 그룹화할 수 있고, 하나의 그룹으로 분류된 것은 더 구체적이고 미묘한 세부 그룹으로 다시 나눌 수 있다. 이 일련의 과정을 분류법taxonomy이라고 한다(배열이라는 뜻의 taxis와 방법이라는 뜻의 nomia라는 그리스어에서 왔다). 오늘날 우리가 모든 생명체를 분류하는 데 사용하는 체계는 스웨덴의 식물학자 카롤루스 린나이우스(칼 린네—옮긴이 주)가 1735년에 쓴 《자연의 체계Systema Naturae》를 기반으로 한다. '린네 분류법'이라는 용어는 오늘날까지도 쓰이고 있는데, 지금은 서로 다른 분야의 여러 분류법을 총칭한다. 이 체계는 시간이 지남에 따라 크게 변화해왔으며 그의 '광물' 그룹 개념은 진작 사라졌다.

오늘날 우리는 생명체를 역域, 계界, 문門, 강綱, 목目, 과科, 속屬, 종種의 여러 단계로 구분한다(종이 가장 작고 세세한 카테고리다). 예를 들어 우리는 포유강 영장목 사람과에 속한다. 이렇게 분류한 다음에는 '이명법'에 따라 각 생명체에 종과 속을 나타내는 두 단어로 된 학명을 붙이는데, 항상 이탤릭체로 기울여 표기하고 첫 번째 단어의 첫 글자는 대문자로, 두 번째 단어는 소문자로 쓴다. 우리의 경우는 호모 사피엔스*Homo sapiens*다.

다른 분류법도 있다. 예를 들어 분지학은 유전학 그리고 가장 최근의 공통 조상(41쪽 참조)으로 거슬러 올라가는 특성을 기반으로 한다. 이에 반해 린네의 분류법은 생명체의 계통 발생이나 진화 관계가 아니라 유사성에 중심을 둔다. 분지학과 같은 체계는 보다 전통적인 분류법을 포함하지만, 주된 목표는 진화의 역사를 되살려보는 것이다. 흥미로울 법한 시점은, 기존에 알려졌거나 알려지지 않았던 종을 분류하는 것이 때때로 과학자들 사이에서 라틴어 투성이의 논쟁을 일으

킨다는 것이다. 특정한 정의에 들어맞는다고 할 수도 없고 아니라고 할 수도 없는, 도저히 어떤 기준으로 명확하게 분류할 수 없는 종이 많기 때문이다.

의견 차이를 떠나, 우리는 거의 광적으로 사물을 식별하고자 하는 충동을 타고나는 게 분명하다. 무언가를 온전히 이해하기 전에 이름부터 붙이려 하고, 현재를 알기 전에 과거부터 알려 들고, 그다음에는 일부 혹은 전체를 통제하려 드는 것이다. 그래도 이름을 붙이는 것은 더 원활한 의사소통을 가능케 하고, 친숙한 것을 더욱 몸에 배게 하고, 정신을 가다듬는 데 도움이 된다. 우리는 천성적으로 사회적이며, 질서에 끌리고, 시간을 아껴주는 것에 끌린다.

알려진 세계에 맞게 간결한 용어 규칙을 정하고 나면 꿈으로 채워 넣을 더 많은 공간이 생긴다.

하루와 일 년

DAYS AND YEARS

우리는 어느 해는 기억하고 어느 해는 완전히 잊어버리기도 한다. 이 세상에 존재하는 40여 종의 달력 가운데 어느 하나도 천문학적 1년과 정확히 맞아떨어지는 것은 없는 걸 보면, 우리 모두가 겉으로 드러나는 시간의 흐름에 좀 무작정 집착한다고 해도 놀랍지 않다(천문학적 1년을 '태양년' 또는 '회귀년'이라고 하는데, 지구가 태양 주위를 한 번 도는 데 걸리는 시간이다).

오늘날 가장 널리 쓰이는 달력은 1582년 도입된 그레고리력으로, 그때까지 쓰이던 율리우스력과 1년의 길이 차이는 불과 11분밖에 나지 않는다. 그런데도 율리우스력을 사용한 지 천 년 성도 되었을 무렵에는 춘분, 추분과 하지, 동지가 심각하게 어긋나 있었기 때문에(그레고리력은 부활절을 제 날짜로 맞추는 데 집중한 산물이다) 1년의 길이를 365일 6시간에서 365일 5시간 49분으로 바꾸었다. 그 뒤로 우리 대부분이 사용하고 있는 비교적 신식의 그레고리력에도 4년마다 있는 윤년에 대한 기이한 규칙은 필요했다. 다만 그레고리력을 쓰면 400으로 나누어떨어지는 해를 제외하면 100년에 한 번씩은 윤년을 건너뛴다(사소한 디테일). 이러한 변화를 완성하려면 역사에서 10일 정도를 지워야 했고, 그 바람에 1582년 10월 5일부터 14일까지는 실제로 존재한 적이 없다(또 다른 사소한 디테일).

고대 이집트인들은 하루를 24개의 구획으로 나눈 첫 문명으로 알려져 있다. 그들은 시간을 고정된 척도로 나눈 것이 아니어서 계절의 흐름에 따라 시간이라는 것에 굉장한 차이가 있었고, 밤낮에 따라서도 시간 길이가 달랐다. 이후 고대 그리스인들이 하루를 균등하게 나누어야 한다고 제안하기도 했지만, 그 후로도 16세기 후반 유럽에서 괘종시계가 도입되기 전까지 대부분 사람들은 계절에 따라 달라지는 시간 체계를 계속 사용했다.

1967년, 다행스럽게도(혹은 당신이 어떻게 보고자 하느냐에 따라 다행스럽지 않게도) 원자시계가 인류 역사상 가장 정확한 기준시계가 되었다. 그 이후 국제도량형국은 1초를 세슘-133원자의 두 에너지 준위 사이의 천이에 해당하는 복사선이 갖는 주기가 9,192,631,770회 반복되는 데 걸리는 시간으로 정의했다. 그런 시계는 수십억 년 동안 1초의 오차도 생기지 않는다. 그럼에도 여전히 원자시계를 천문학적 시간과 맞추기 위해서는 협정세계시UTC에 윤초를 사용해야 하며, 10년에 8분 정도는 1분이 60초가 아니라 61초다.

여기서는 말도 안 되는 것이 저기서는 말이 되기도 한다.

PLANT
FUNGI
BACTERIA
ALIA
ACTERIA
PLANTAE
ANIMALI
PLANT
ANIMALIA
ANIMALIA
FUNG
BACTERIA
PROTOZO
ANIMAL
ANIMALIA
HROMISTA

생명계

KINGDOMS OF LIFE

모든 생명체를 그냥 '동물'이나 '식물'의 계界로 집어넣는 것은 생명의 무한한 다양성에 대한 공정한 처사가 아님이 분명해진 뒤로, 생물학자들은 모든 것을 포괄하기 위한 수많은 카테고리를 도입하기 전에 체계를 더 구분해보기로 했다.

계界나 역域보다 상위 카테고리에서 생명체를 박테리아, 고세균, 진핵생물로 나누기도 하지만, 1990년대까지 계界는 유기체를 구분할 수 있는 가장 일반적인 방법이었다. 그러나 이때를 전후해 유사성과 기원 등 모든 종류에 대해 꽤 많은 혼란과 논쟁이 있었다(분류에 대한 개요는 59쪽에 있다).

1998년, 수많은 엎치락뒤치락 끝에 토마스 카발리에-스미스라는 영국의 생물학자가 새로운 버전의 6계 체제 모델을 출판했다. 이는 그 뒤로도 2015년까지 계속해서 여러 차례 개정되었는데, 지금 언뜻 보기에는 다음과 같은 7계 체제에 잠시 멈춰 있는 것 같다. 박테리아계, 고세균계, 원생동물계, 유색조식물계, 식물계, 균계, 동물계.

인류는 당연히 마지막의 동물계에 속한다. '동물'animal이라는 단어는 숨을 쉬고, 영혼이 깃든, 살아 있는 것(당신이 그렇다면 우리는 존재한다고 확신한다)을 뜻하는 라틴어 아니말리스animalis에서 왔다. 생물학적 문맥에서 '동물'이란 메뚜기, 까치, 도마뱀, 사람 등 모든 피조물을 뜻한다. 그러나 일상에서 그 단어를 사용할 때 우리는 스스로를 완전히 제외해버리고는 우리 이외의 다른 포유류나 척추가 있는 경우만을 '동물'의 뜻으로 남겨둔다(동물 종의 단 5퍼센트만이 척추동물에 해당하는데도 말이다).

우리는 차이를 짚어내는 것을 좋아한다. 우리는 단일세포 박테리아와는 달리 많은 세포를 갖고 있다. 세포벽이 단단한 식물이나 조류, 균류와는 정반대다.

우리는 스스로 양분을 생성할 수 없고 소비만 하므로 직간접적으로 다른 생명체를 섭취해야 한다. 우리는 스스로 움직일 수 있고 원하는 대로 거의 어디든 갈 수 있으며 두려워해야 할 천적도 하나 없다. 그런 차이가 분명 우리를 무척 특별하고 중요하게 만들었다고 생각할 수도 있을 것이다. 전혀 그렇지 않다.

내가 들이마시고 있는 것

WHAT EXACTLY AM I BREATHING IN

많은 사람들이 '공기'란 곧 '산소'를 의미한다고 생각하지만, 그건 우리가 호흡하는 것의 21퍼센트밖에 안 된다. 우리의 폐로 들어가는 그 나머지는 주로 질소이고(78퍼센트), 그밖에 다른 기체, 오염 물질, 물 분자, 먼지, 미생물, 그리고 식물의 포자 같은 특이한 요소들이 들어 있다. 들숨에는 외부 대기에서 분해되고 남은, 아주 작지만 엄청난 양으로 우리의 내부에 도달할 우주 먼지의 잔해도 들어 있다. 분명 올해 언젠가 떨어진 유성의 입자도 들이마시게 될 것이다.

공기 중의 모든 분자들은 시속 수백 킬로미터의 속도로 계속해서 서로 충돌하고, 몇 주만 지나면 지구 하층 대기 전체로 퍼질 만큼 빠르게 이동한다. 말하자면 모든 입자는 우리가 있는 곳에, 우리의 폐에 도달할 가능성이 있다는 뜻이다.

24시간 주기 동안 평균적인 사람은 9,000리터의 공기를 들이마시고 매일 2만 4,000번 정도 호흡하는데, 1년이면 8백만 번이 넘는다. 80세까지 산 사람은 아마도 평생 동안 7억 번 이상 숨을 쉬었을 것이다. 그 많은 호흡을 그야말로 숨쉬듯이 쉽게 해왔다고 생각하니 놀랍다.

숨 쉬는 것에 대해서는 거의 생각할 필요가 없다. 우리의 호흡 시스템이 뭘 해야 할지 잊는 일은 거의 없을 것이다. 폐와 심장, 그 밖의 모든 것들은 우리가 실제로 신경 쓰지 않는 동안 모든 일을 수행한다. 알고 보면, 생각해보는 것도 괜찮을지 모른다. 오랜 시간 동안 호흡은 심장박동이나 수면 패턴처럼 생명체를 통제하는 뇌의 일부가 알아서 진행하는 과정이라고 생각되었지만, 실제로 당신의 마음을 바꾸기도 한다. 숨 쉬는 속도를 바꾸거나 호흡에 덜 혹은 더 주의를 기울이면 뇌의 다른 영역을 사용하게 된다고 알려져 있다. 그리고 우리는 동물 중에서 유일하게, 단지 달리기나 휴식, 공포와 같은 것에 대한 반응으로써가 아니라 실제

로 의지에 따라 의식적으로 호흡을 바꾸고 조절할 수 있는 존재다.

모든 것이 흥미진진하니 숨을 멈추지 마시오.

당신에게만 이야기할래요

YOU'RE THE ONLY ONE I WANT TO TALK TO

달 운동론lunar theory이라고도 하는 달의 움직임은 수 세기 동안 천문학자들을 약간 미쳐버리게 만들었다. 그 때문에 아이작 뉴턴은 심한 두통을 앓았다고 한다. 달의 궤도는 여러 가지 불규칙한 양상을 보이며, '섭동'이라고 하는 기이한 갈망이 사람들을 계속 분주하게 만들었다. 게다가 우리는 여전히 달이 정확히 어디서 왔는지 알지 못한다. 2,000년의 탐사 역사를 통틀어 이제서야 우리는 달의 움직임을 아주 높은 수준의 정밀도로 그려낼 수 있다.

지구의 달은 태양계에서 다섯 번째로 큰 위성이다. 다른 위성도 아주, 아주 많다. 화성에 2개, 목성에는 최소 69개의 달이 있다(2021년 현재까지 발견되고 공식적으로 인정된 목성의 달은 79개로 늘었다—옮긴이 주). 우리의 달은 아주 친숙하고 가깝다. 영어로는 첫 글자를 대문자로 써서 Moon이라고 한다(갈릴레오가 1610년 목성 주위에서 4개의 위성을 발견하기 전까지 아주 오랫동안 지구의 달 외에 다른 달이 있다는 것을 아무도 알지 못했다).

달의 영향은 광범위하다. 달 덕분에 지구의 기후는 (적어도 우주에 있는 다른 천체에 비해) 믿을 수 없을 만큼 안정적이다. 달이 없었다면 지구의 진화가 완전히 다르게 진행될 수도 있었다는 것은 차치하고라도, 달이 지구 자전을 완화시키는 효능은 우리에게 어마어마한 도움이 되었다. 만약 지구가 홀로 있었고 달에 의한 조석력도 없었다면, 해안선을 따라 일어나는 드라마틱한 변화도, 대단히 원시적인 생체 분자의 진화를 계속 이어갈 수 있었던 변화도, 지금까지와 같을 수는 없었을 것이다.

달이 조금씩 멀어지고 있기는 하지만, 달의 조석력에 의한 효과가 수백만 년 동안 누적된 결과 오늘날 지구와 달은 두 사람의 댄스 파트너 사이의 움직임과 비슷한 동주기 자전을 경험하고 있다. 달은 지구를 공전하는 것과 같은 속도로 자전하는데(말하자면 우리에게 속박되어 있다), 그래서 우리는 항상 달의 같은 면을 보게 된다. '디스펀'despun 안테나 같은 날이다.

별들과 다를 바 없이 언제나 달은 거기에 있다. 낮 동안에는 하늘이 너무 밝아서 별이 보이지 않지만, 달은 가끔 낮에도 밤보다 더 밝게 보인다. 이 우주라는 세상을 함께 알아나가고 함께 춤을 출, 조금씩 우리의 낮을 길게 늘여주고 우리를 느긋하게 해주는 누군가가 있다는 건 얼마나 기쁜 일인가.

잠들어 있는 산은 그대로 두라

LET SLEEPING MOUNTAINS LIE

지구상의 산 대부분은 지질 구조판들이 서로 무례하게 부대낀 결과이자 수백만 년 동안 해결되지 않은 채 남아 있는 불협화음이다. 지질 구조판은 지구 지각의 내부층이다. 대륙의 이동, 지진과 화산 활동, 깊은 해구, 종잇장처럼 극적으로 구겨진 산맥 줄기 등을 만들어낸다.

지구상에 높이 8,000미터 이상의 봉우리를 가진 산은 14개뿐이다. 그중 가장 높은 것은 에베레스트 산이다. 아프가니스탄에서부터 파키스탄, 인도를 지나 네팔, 티베트에서 부탄을 지나 마침내 미얀마에서 사그라들기까지 아시아를 가로질러 뻗어 있는 히말라야 산맥에 자리 잡고 있다. 산맥을 이루는 산 중에는 화산도 있지만 에베레스트는 화산이 아니다. 히말라야 산맥은 4천만 년 전 두 대륙판의 충돌로 형성되었으며, 에베레스트 산의 꼭대기 층을 이루는 것은 따뜻한 바다에서 생활했던 동물들의 뼈로 된 부드러운 퇴적암이다. 네팔어로 "우주의 어머니"라는 뜻의 사가르마타Sagarmatha라고 부르는 이 산은 지금도 매년 조금씩 솟아오르고 있다.

산에 대한 정의가 보편적으로 정해져 있지는 않지만, 대부분 지질학자들은 주변 지역에 비해 적어도 300미터 이상 솟아 있는 것을 산이라고 본다. 그런 지형이 지구 표면의 20퍼센트 가량을 차지하며, 그곳에 지구 전체 인구의 10퍼센트 정도가 살고 있다. 우리는 산의 곁에서 잠을 잔다. 대부분의 강줄기는 희박한 공기 속 높은 산으로부터 흘러나온다. 인류의 절반 이상이 그 물에 의지해 살아간다.

믿기 어려울지 모르겠지만, 굉장히 많은 사람들에게 산은 추하고 불길한 예감을 주는 것으로 여겨졌다. 18세기 말 낭만주의 작가들이 득세하기 전까지는 사람들이 산의 존재에 경탄하거나 산 정상에 대한 생각에 완전히 도취되거나 하

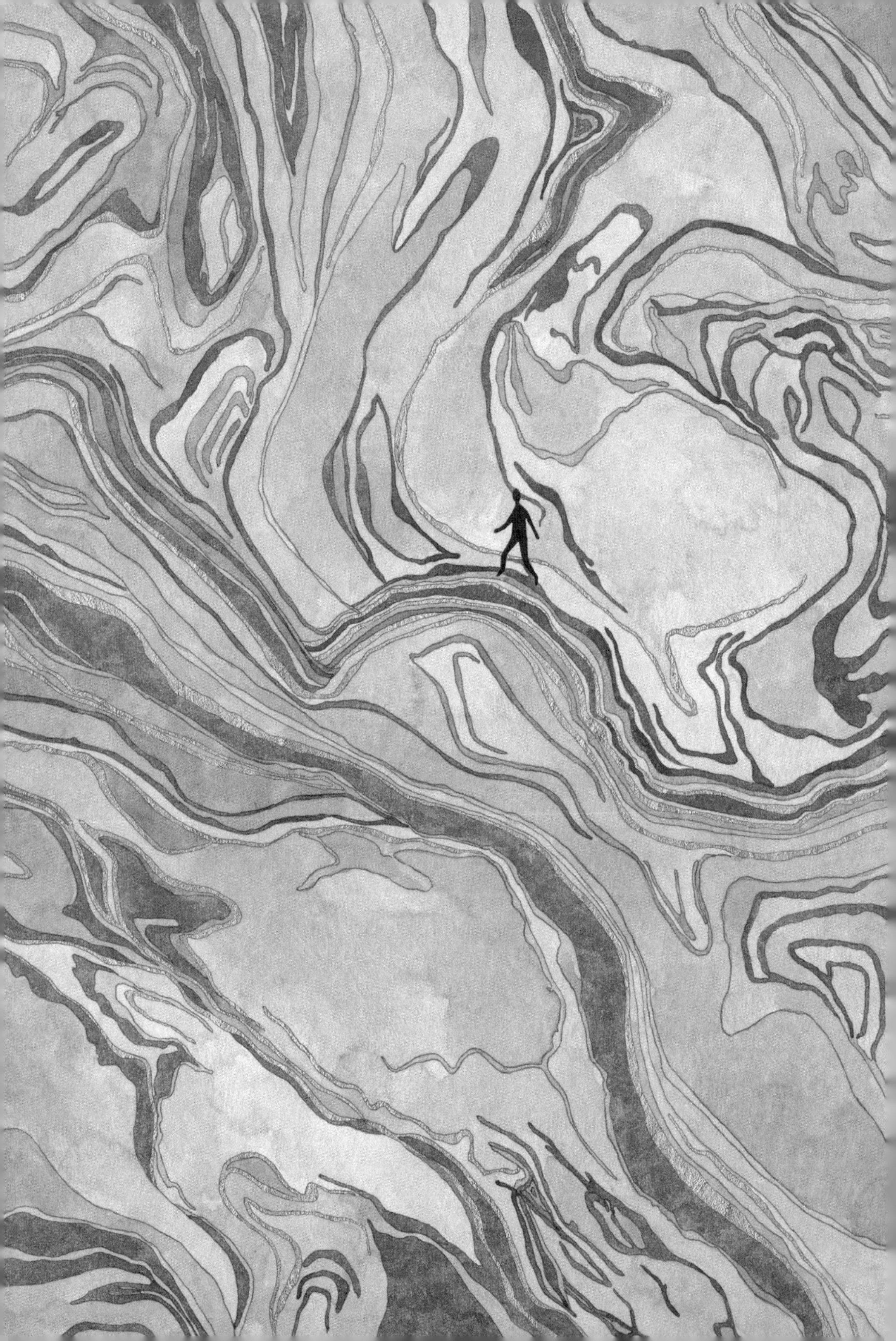

지 않았다. 오늘날 우리는 지구상에서 우리라는 혼란스러운 존재로 인한 결과가 얼마나 멀리까지 미치며 얼마나 두려운 것인지 놀라워한다. 지구 온난화와 평균 온도 상승으로 인해 산의 빙하가 녹고 지구의 자전에도 영향을 준다. 예전에는 얼음층에 속해 있었던 물의 무게가 고위도에서 저위도로 재분배되면서 지구 자전축에 대한 지구의 움직임에까지 영향을 미치는 것이다.

이와 같은 현실은 누구도 무시할 수 없다. 붙잡았다가 내려놓았다가도 다시 붙들어야 하는 일이다. 눈을 감고 손을 주머니에 넣어도 비틀거리지 않는 사람이 되어야 한다.

찰리랑 얘기해봐. 그 친구 상담사가 아주 실력이 좋대.
나 요새 스트레스 많이 받고 있어.

산호의 스트레스

STRESSED-OUT CORAL

아무리 봐도 납득하기는 힘들지만 산호는 식물이 아니라 동물이다. 동물이라고는 하지만 산호는 생존하기 위해 전적으로 광합성에 의존하며(15쪽 참조), 그들의 세포 안에 사는 미세조류도 그런 식으로 호흡해서 산호에게 필요한 에너지의 90퍼센트를 공급한다. 이 때문에 산호초는 물이 따뜻하고 해가 잘 드는, 밝고 얕은 물에서 가장 잘 자란다.

산호초가 차지하는 면적은 해저의 1퍼센트 미만이지만, 세상에서 가장 다양한 생태계 중 하나로서 주변의 바다와 육지 모두에 큰 영향을 미친다. 무엇보다도 산호초는 열대의 폭풍과 그로 인한 침식으로부터 해안선을 보호하고, 수천 종의 생물이 살 수 있게 한다. 암이나 알츠하이머와 같은 질병의 치료제를 의학적으로 연구하고 개발하는 분야에서도 중요한 존재다.

산호초는 정교한 균형을 유지해야 하는데, 우리가 이 행성에서 하는 시끌벅적한 활동이 여러 방면에서 어마어마한 양의 피해를 끼친다. 산호는 믿을 수 없을 만큼 천천히, 매년 2밀리미터 내지 10센티미터 자라기 때문에 해양 온도 상승과 산성화, 파괴적인 어업 행위, 공해, 부주의한 관광 등을 따라잡을 만큼 빠르게 회복하지 못한다. 지난 30여 년간 우리는 산호초의 절반가량을 잃었다. 바다의 상황을 견딜 수 없게 된 산호는 세포 안에 살면서 자신에게 생명을 주던 조류를 과열에 대한 자연 반응을 통해 밖으로 몰아내고는 슬픈 창백함으로 그늘진다. 이러한 산호의 탈색 현상이 스스로를 죽음으로 몰아내는 것은 아니지만 회복하기까지 아주아주 오랜 시간이 걸리고, 회복한다 하더라도 그들의 번식 능력은 거의 영구한 영향에서 벗어나지 못할 것이다.

그러나 이러한 파괴 속도를 늦추도록 우리가 도울 수 있는 것이 많다. 또한 산호초의 재활을 장려하기 위해 취할 수 있는 조치가 있다. 2017년, 과학자들은 호주의 그레이트배리어리프 지역에서 중매인 역할을 했다. 산호 유충 수백만 마리를 수거해 탱크에서 길러낸 다음, 해저로 다시 돌려보내기 전 수중에 그물망 보호 장치를 설치해 성공적으로 성장시킨 것이다. 폭약을 사용해 산호초 지역에 큰 손상을 입히는 낚시법이 쓰이던 필리핀에서도 비슷한 프로젝트가 있었다. 이런 노력은 엄청나게 중요하다. 소중한 산호 생태계를 통째로 잃을 수는 없지 않은가.

우려할 가치가 있는 일은 행동할 가치가 있는 일이다. 당신이 걱정해야 하고 행동해야 하는 다른 모든 일들처럼 말이다.

텅 빈 우주에서 춤추기

DANCING IN EMPTY SPACES

인간은 우리가 전부라고 생각하는 경향이 있지만, 사실 우리는 아무것도 아니다.

원자 질량의 대부분을 핵이 차지하고 있지만, 원자 속 공간을 생각하면 핵은 그리 넓은 공간을 차지하지 않는다. 우리 몸을 구성하는 70억 곱하기 10억 곱하기 10억 개의 원자와 우주에 있는 다른 모든 원자를 다 합쳐도, 실제로는 99.9999999퍼센트가 빈 공간이다. 그러나 실제로 완전히 텅 빈 것은 아니다. 서로 가까이 겹쳐 있기를 거부하는 전자들과 파동 함수, 보이지 않는 양자장, 그리고 종이 한 쪽에 들어가기에는 너무 거대한 개념들로 가득 차 있다. 당신에게서 이러한 '공간'을 제외한다면, 나머지 부분은 너비 500분의 1센티미터보다 작은 정육면체에 충분히 들어갈 것이다.

원자 안의 핵은 원자 전체 구조보다 약 10만 배나 더 작아서(더 자세한 것은 29쪽 참조), 성당 안의 파리 한 마리와 비슷할 만큼 작다. 핵을 둘러싸고 있는 것은 전자의 구름인데, 과학 교과서에서는 종종 아주 질서 정연하고 사실적인 방법으로 핵 주위를 감싸는 작은 구로 묘사된다. 실제로는, 전자는 거대한 새떼에 더 가까워서 개개의 정확한 움직임을 관측할 수는 없고 무리 전체가 움직이는 형태로 볼 수 있다.

정말이지 춤만큼이나 전자의 행동을 잘 묘사하는 단어는 없다. 난해하거나 무작위적인 춤은 아니다. 양자역학에서 특출난 연구를 했던 오스트리아의 물리학자 에르빈 슈뢰딩거의 이름을 딴 한 줄의 수학 공식이 배치하는 대로 아름다운 일련의 패턴과 스텝을 따라 움직이는 춤이다. 전자들은 다양한 스텝에도 지칠 줄 모르며, '배타 원리'라는 것에 따라 두 개의 전자가 완전히 똑같은 스텝을 밟는 일도 없다.

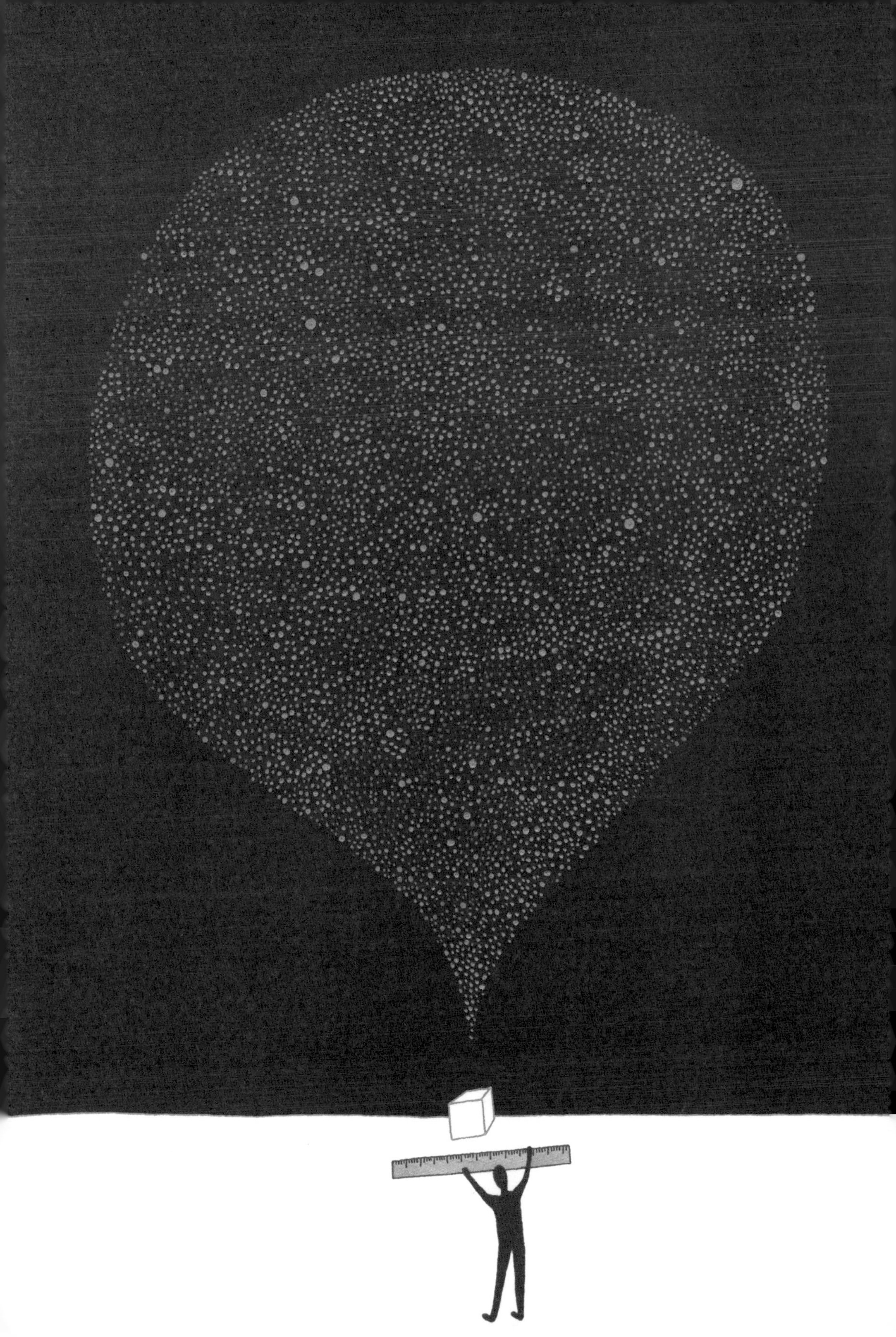

아원자 수준에서 당신은 항상 춤추고 있는 것처럼 보인다. 언젠가 당신이 단지 약간 의식적으로 흔들흔들하거나 시선을 바닥으로 향한 채 발만 움직이는 정도 이상은 할 수 없다고 느낄 때, 그 점을 한번 생각해보라. 아참, 우리 몸속 원자의 98퍼센트는 매년 새로 바뀌므로 너무 애착을 가질 필요는 없다.

가설은 추측이 아니다

THEORIES ARE NOT GUESSES

과학자들이 뭔가 설명하거나 구조화할 때 사용하는 단어에 대한 오해가 아주 많다. 그들이 사용하는 용어는 종종 우리가 일상에서 별 생각 없이 사용하는 단어와 똑같지만 그 정의는 크게 다를 수 있다. 예를 들어 과학자가 아닌 사람들에게 '이론'theory 혹은 '가설'hypothesis이라는 단어는 추측, 예감, 무언가에 대한 어떤 막연한 예측 같은 것을 의미할 수도 있다(이론과 가설의 엄밀한 의미는 서로 조금 다르지만, 역사적이거나 경험적인 이유로 두 단어가 혼용되기도 한다—옮긴이 주). 과학에서 말하는 '이론'이나 '가설'은 믿을 수 없을 만큼 잘 정립된 설명을 뜻한다. 새로운 증거가 생겨도 크게 달라지지 않으며 관측이나 실험을 통해 반복적으로 검증된 것이다.

과학적 이론의 좋은 예로는 빅뱅 이론, 다윈의 진화 이론, 아인슈타인의 상대성 이론, 만물 이론 등이 있다. 이런 이론들은 보통 하나의 문장이나 표현, 혹은 깔끔하고 단정한 공식으로 축약할 수는 없지만 놀랍도록 분명하게 존재하며, 자연의 작용 방식을 근본적으로 다룬다.

또 하나의 흔한 오해는 이론에 충분한 연구와 증거가 더해지고 시간이 흐르면 법칙으로 바뀐다는 것이다. 늘 그렇지는 않다. 과학 법칙과 과학 이론은 어떤 방식으로도 서로 교환되지 않는다. 과학에서 법칙이란 관측 가능한 현상을 설명하는 것이지만 왜 그런 현상이 존재하는지는 설명하지 않는다. 왜 그런 현상이 그런 식으로 일어나는가에 대해 가장 논리적인 설명을 명확히 제공하려는 것이 과학 이론이다. 간단히 말하면, 법칙은 우주에서 무슨 일이 생길지 예측하고 이론은 그 이유를 제안한다.

가설이 거칠거나 잘 다듬어진 상태의 추측이나 어둠 속에서 한 번 찔러 보는 것이 아니라는 것도 알아둘 만할 것이다. 과학자들은 가설을 세울 때 기존의 과학적 지식이나 이전의 경험, 관측과 논리에 근거를 둔다. 가설은 어떤 대단히 제한된 일련의 사건들에 대해 제안되는 해설인 반면 이론은 하나 혹은 그 이상의 가설들을 더 넓게 포괄하는 것인데, 그 가설들은 모두 엄격하고 반복적인 테스트를 거친 것이라야 한다.

과학 이론이 완전히 진복되는 것은 거의 불가능에 가깝긴 하지만, 아주 작은 퍼즐 조각 같은 반증마저도 대단히 중요할 수 있다. 그런 빈틈이 때로는 기존에 상상할 수 없었던 새로운 발견으로 이어진다. 이론을 개정할 때마다 이전보다 더 깊은 지식과 더 큰 해석학적 장점을 포함하게 되고, 사물에 대한 우리의 이해는 시간의 흐름에 따라 더 정확하고 아름다워질 것이다.

과학이란 끊임없는 변화, 관측 가능한 사실을 재구성하는 과정, 우리가 가장 공고히 갖고 있던 가정에 대한 도전, 그리고 보통의 상식에 가하는 달콤한 파괴다.

우주는 당신보다 나이가 많다

THE UNIVERSE IS OLDER THAN YOU

우리가 알고 있는 우주의 나이는 138억 년에서 앞뒤로 1억 2천만 년 정도다. 그러니까 우리가 합리적으로 생각할 수 있는 유일한 시작인 빅뱅 이래로 우주는 엄청나게 많은 생일을 보냈다. 그 모든 시간 동안 빛이 계속해서 여행했으므로 우리가 볼 수 있는 우주의 먼 바깥쪽은 138억 광년 떨어진 거리까지만이다. “관측 가능한 우주”라고 부르는 이 범위는 실제로 아주 작은 조각에 불과하며, 사방으로 무한히 확장될 것이다.

우주에서 가장 오래된 천체를 관측하거나 우주의 팽창 속도를 측정함으로써 우주가 얼마나 오래되었는지 대략적이나마 잘 알 수 있다. 논리적으로 우주가 그 안에 있는 것보다 젊을 수는 없다. 은하수 주위를 도는 우리가 알고 있는 가장 오래된 구상 성단은 110억 년에서 180억년가량 되었다(따라서 우주의 나이는 최소 110억 년 이상이어야 한다). 우주의 현재 팽창을 측정하면 과거에 어떻게 팽창했는지 알아낼 수 있다(이론적으로 무한히 과거로 거슬러 올라가면서). 138억 년이라는 숫자에 도달한 것은 여러 자료의 측정을 통해서이기도 하지만, 우주 물질의 밀도가 시간에 따라 변하는 것도 가장 유용한 것 중 하나다. 물질의 밀도가 낮은 우주는 밀도가 높은 우주보다 나이가 많다. 오늘날의 우주에는 일반적인 물질이 4.9퍼센트만을 차지하고 있다(그 외에는 68.3퍼센트의 암흑 에너지, 26.8퍼센트의 암흑 물질, 그리고 뉴트리노, 광자, 복사 등과 같은 다른 물질이 극소량 있다).

놀랍게도, 우주의 연대를 99.1퍼센트의 정확도로 측정할 수 있다. 10년 전만 해도 ‘정밀한’과 ‘우주론’이라는 단어들은 함께 논의되기는커녕 한 공간에 같이 등장할 수도 없었는데 말이다.

당신, 당신도 나이가 들었다. 탄소, 산소와 같은(13쪽 참조) 당신 몸속의 수많

그건 별로 중요하지 않아.
응, 우스운 얘기지.

은 원자는 거대한 별 안에서도 만들어진다. 당신은 별이 될 수도 있었던 그 모든 것과 아주 약간 구조가 다른 것이다. 어떤 형태로든 138억 년째 존재해왔다는 것을 생각해보면 당신이 가끔씩 지쳐 있는 것도 당연하다.

그리고 당신은 당신이어야만 한다. 당신은 당신이 될 수 있었던, 지금 그리고 여기의 바로 그 사람이다. 빅뱅 이래로 일어난 모든 일은 우주의 법칙에 따라 발생했는데, 그건 그저 법칙일 뿐이다. 우리가 그런 법칙에 대해 모른다 해도, 알기는 하지만 완전히 이해하지는 못한다고 해도, 모든 것은 이미 정해져 있었던 것에 가깝다. 모든 사건은 그렇게 될 수밖에 없는 유일한 방법으로 펼쳐지는 것이다.

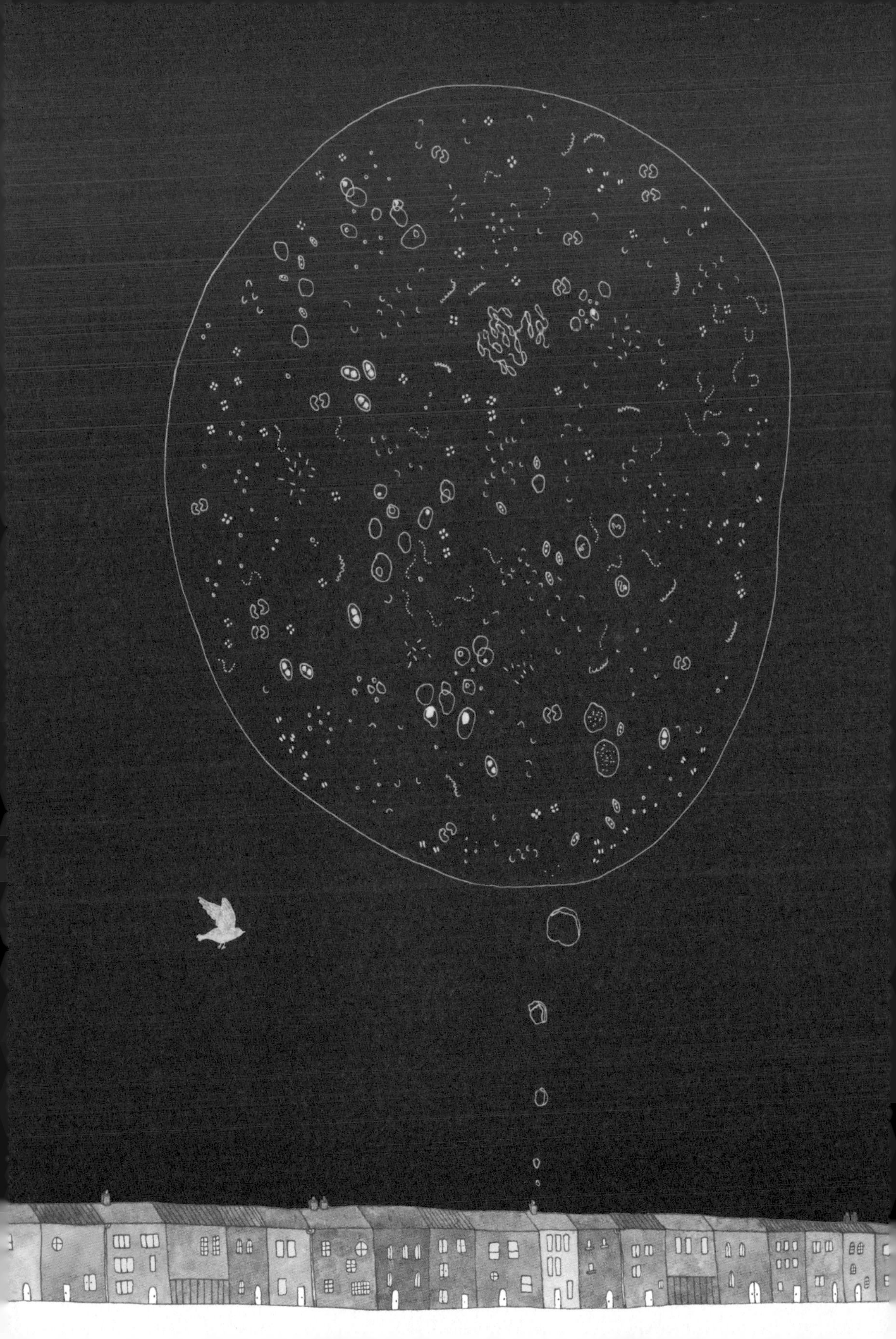

박테리아에 가까운 당신

YOU ARE MOSTLY BACTERIA

박테리아의 수가 우리 몸속의 다른 세포 수보다 10대 1 정도로 많다는 사실이 여기저기에서 거듭해 발표되고 알려진 바 있지만, 실제 비율은 별로 극적으로 들리지 않는 1 대 1에 가깝다. 당신이 1, 박테리아가 나머지 1이다. 하지만 이 비율에는 체중 혹은 면역 체계가 얼마나 원기왕성한 상태인가 등 여러 요소가 영향을 미칠 수 있다. 우리 몸속의 세포 수는 15조에서 724조 개 정도인데, 박테리아라는 단세포 미생물의 수는 30조에서 400조 개에 이른다. 더 놀라운 점은 과학자들이 여전히 그 양이 정확한지 확신하지 못하고 있다는 것이다. 우리 몸속은 미생물의 원더랜드다.

박테리아는 가장 원시적인 생명체 형태 중 하나로, 당신이 머리부터 발끝까지 온통 박테리아로 뒤덮여 있다는 것을 알면 당혹스럽고 기이한 기분이 들 것이다(특별히 놀라운 부분은 그 박테리아들을 현미경으로 볼 수도 있다는 것이다). 무척 많은 양의 그 박테리아들은 해로운 박테리아의 접근을 막고, 피부의 표면 환경을 관리하고, 면역 체계의 성장과 유지에 핵심적인 역할을 담당하는 등 우리에게 엄청난 도움이 된다. 사랑스럽게 들리는가? 실제로 그렇다.

박테리아의 가장 위대한 업적은 내장기관에서 일어난다고 할 수 있다. 누구나의 장기에는 수많은 종의 박테리아들이 들어 있고, 위장관 미생물군 혹은 장내균이라 불리는 믿을 수 없을 만큼 복합적인 미생물 군집을 이룬다. 사람과 장내균은 놀라운 공생 관계를 이룬다. 그리고 최근 들어 과학자들은 내장과 뇌 사이의 관계도 대단히 복합적이며 중요하다는 것을 깨닫기 시작했다.

그 둘은 '창자신경계'라 불리는 뉴런(신경 세포)과 화학 물질, 호르몬 등의 광범위한 네트워크로 연결되는데, 창자신경계는 중추신경계(뇌와 척수를 연결하는)

와 소통하기도 하지만 독립적으로 행동할 수도 있다. 장내균의 박테리아가 당신의 아침 식사보다 더 큰 힘을 휘두를 수 있는 듯하다. 세상에 대한 당신의 인식이나 행동에도 영향을 줄 수 있다. 뇌와 내장 사이의 의사소통을 담당하는 뉴런은 대부분 정보를 뇌로 전달하기만 하고 받지는 않는다. 내장이 당신의 길고 짧은 기분 변화에 다른 무엇보다도 더 영향을 미친다니 참으로 기이하고 놀랍다.

배알이 뒤틀린다, 애간장이 탄다, 속상하다와 같은 말이 있는 걸 보면 언어는 과학보다 더 오래전부터 그런 관계를 어렴풋이 알고 있었던 것 같다. 뇌보다 박테리아의 목소리에 잠시 귀를 더 기울였다면 어땠을까 생각해보는 건 확실히 흥미로울 것이다.

마지막 기억만 기억한다

YOU ARE ONLY REMEMBERING THE LAST TIME YOU REMEMBERED

아주 오랫동안 인간의 기억은 서가에 책 대신 사물과 사건, 상황들이 놓인 도서관과 비슷할 것으로 여겨져왔다. 어떤 것은 아주 드물게 다시 읽히고 어떤 것은 자주 선택되어 끝까지 읽히는, 대부분 먼지가 많이 쌓이지만 뭔가 찾아보고 싶을 때면 언제든 돌아볼 수 있는 공간 말이다. 이러한 개념은 최근 몇 년 사이에 완전히 전복되었고, 이제 우리는 모든 기억이 돌변할 수도 있다는 것을 안다.

과거의 어떤 사건을 기억해낼 때마다 뇌의 네트워크는 기억을 변화시켜서 그 사건에 대한 다음번 회상에 영향을 미친다. 그래서 정확히 기억나지도 않고, 심지어는 전혀 기억나지 않기도 한다. 알고 보면 기억이란 전혀 안성적이지도 변함없지도 않다. 게다가 뇌는 현재의 정보를 이용하고 주변 환경, 시간, 분위기와 같은 요소를 조합해 그 기억을 계속해서 고쳐 쓰고 있다. 그런 아주 작은 교정이 조금씩이라도 계속되면 우리는 모든 것을 점점 잘못 기억하게 된다. 이런 연구를 처음 진행했던 이들 중 한 사람은 기억의 불완전한 경향성을 아주 간단히 한마디로 정리했다. "어떤 사건에 대한 당신의 기억은 갈수록 부정확해지고, 다시 꺼내볼 때마다 완전히 날조되는 지경에 이르기도 한다." 슬프게도 혹은 다행스럽게도, 우리의 회상은 때때로 우리가 이야기하는 것보다 더 허구가 되고, 처음에 기억을 전해준 그 책보다 더 소설이 되어 버린다.

그러나 이렇게 불완전한 기억도, 그 미묘하게 반복된 일련의 어긋남도 다 이유가 있다. 기억은 끊임없이 과거에 머무르는 대신 최신 버전을 유지함으로써 당신이 지금 이 상황에서 훌륭하고 유용한 결정을 내리도록 도우려 한다. 공교롭게도 우리 역시 지독하게 신빙성 없는 증거를 만드는 데 기여한다는 것이다. 뇌는 지금 자신이 누구이며 현재 무엇을 생각하고 느끼는지를 기준으로 계속해서 기억

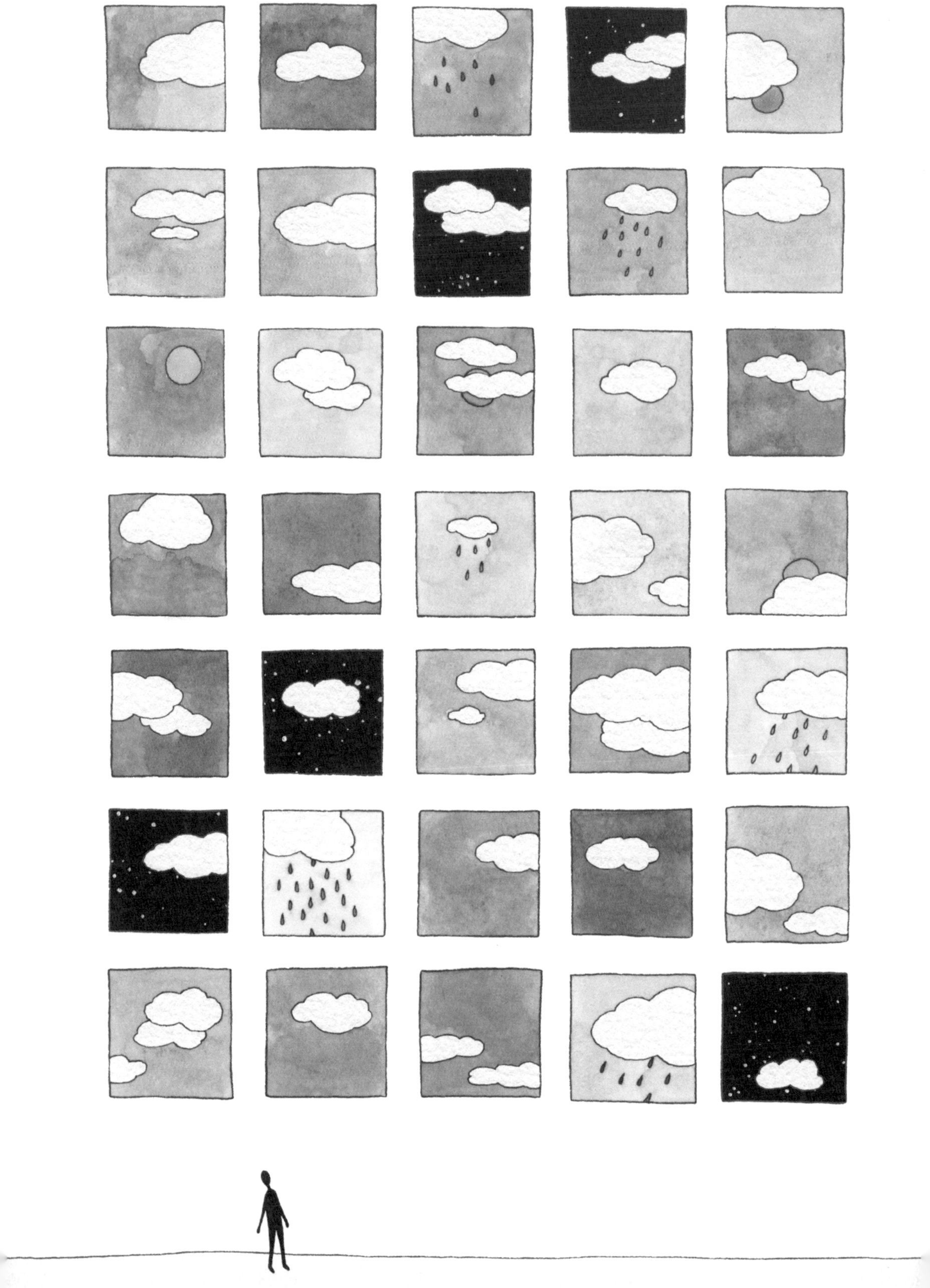

을 걸러내기 때문이다. 우리가 꼭 붙들고 있는 기억, 가장 자주 떠올리는 기억은 자주 회상해왔다는 바로 그 이유 때문에 처참하게도 가장 부정확한 기억이 되어 간다. 그러니 무언가 기억하고 싶으면 잊어야 한다. 다른 것을 꾹 눌러놓을수록 특정한 기억을 유지할 수 있다. 그렇게 해도 그 모든 세부적인 내용 대신 왜곡된 디테일의 조합만 감지할 수 있을 뿐이다.

우리의 기억은 분명하고 생생하며, 매우 잦게는 통째로 잘못되었다.

과학의 언어

THE LANGUAGE OF SCIENCE

과학적인 언어는 사람 귀에 듣기 좋거나 각별히 선율적으로 만들어지지 않는다. 감정이나 자유로운 표현도 없고 1인칭 대명사를 기피하며 형식적이고 잘 검증된 규정을 엄격하게 따른다. 느낌표 사용은 절대로 아니올시다다. 의미가 명백하고, 보이는 그대로이다.

그런 이유로, 과학적 언어는 과학자가 아닌 대부분의 사람들에게는 상당히 접근하기 힘든 영역이다. 게다가 친숙한 단어들을 완전히 다른 맥락에 집어넣기도 하고 평소에는 결코 마주칠 일 없는 완전히 다른 단어를 함께 논하기도 한다.

여러 가지로, 언어는 과학에서 가장 큰 미해결 딜레마로 남아 있다. 오늘날에는 연구에 관한 토론과 출판이 거의 다 영어로 이루어지기 때문이다. 영어를 모국어로 사용하지 않는 사람들은 스스로 발견한 것을 자국어로 출판하기를 주저한다. 읽히지 않거나 중복되는 연구가 불필요하게 진행될 것을 염려한다. 부당하게도 모든 중요한 정보는 결국 영어로 전달되는 것 같아서다. 이 때문에 우리는 다른 언어로 출판되는 새롭고 중요한 연구를 놓치고 있다. 특히 생물 다양성과 생태환경처럼 꽤 많은 부분이 다양한 나라에서 진행되는 분야에서 그렇다.

이 문제는 역사 속에서도 찾을 수 있다. 15세기에서 17세기에 이르는 동안 과학자들은 보통 아이디어를 두고 토론할 때는 자국어를, 출판할 때는 꽤 중립적 기반이 있어 보이는 라틴어를 사용했다. 그러나 라틴어는 점차 과학이라는 영역의 손아귀에서 빠져나갔다. 갈릴레오는 목성과 그 위성들을 처음으로 발견해 라틴어로 출판했지만, 후기 연구는 이탈리아어로 발표했다. 뉴턴의 후기 연구도 주로 영어로 쓰인 것으로 보이지만, 그의 초기 아이디어는 라틴어로 기록되었다. 19세기 초반까지는 오직 독일어와 영어, 프랑스어의 세 언어만이 서신 교환과 연구

문서의 대부분을 차지했다. 수 세기 동안의 주목 쟁탈 끝에 지금은 영어가 과학의 언어로서 국제 공용어로 분명하게 자리 잡았다.

무엇보다도, 이렇게 단일 언어로 만사 상통하는 방식은 다른 언어들의 고유한 의견 교환 방식을 잃게 될 위험을 내포한다. 계속해서 늘어나고 변화하는 과학 용어를 따라잡는 것조차 벅차다. 우리의 사고와 발견, 진화에 얹어진 경계가 그렇게 좁아진다면, 무엇 하나 특별히 얻을 것도 없이 종래에는 모두가 다른 사람들과 같은 목소리를 내게 된다.

해 뜨면 춥고

IT GETS COLDER AFTER SUNRISE

동트기 직전이 가장 어둡고 춥다고 했던가. 엄밀히 말하면 가장 어두운 것은 일몰에서 일출까지의 중간 즈음이다. 해가 지평선 너머로 나타나기 시작하면, 옅게 깔려 있던 어둠은 전주곡이었다는 듯이 더 추워진다. 구름 없는 맑은 밤이라면 해 뜬 지 한 시간이 다 되도록 몇 도나 낮기도 하다. 다시 말하자면, 아침은 시차를 두고 온다.

모든 사물은 열을 얻기도 하고 잃기도 한다. 열을 많이 잃고 조금 얻으면 필연적으로 차가워진다. 당신의 몸도, 천체도, 우리 지구도 말이다. 낮 동안 태양은 지구를 데우기 위해 최선을 다한다. 그러는 동안 지구는 열의 균형을 이루기도 하고 잃는 열보다 얻는 열이 더 많아서 조금 따뜻해지기도 한다. 그러나 해가 시야에서 사라지고 어둠이 오면 지구는 계속해서 열을 내놓고 차가워져 간다. 표면 온도가 떨어지면 주위 기온도 떨어지고, 차가워진 공기 때문에 당신은 가로등이 하나둘씩 켜지는 길을 함께 걷고 있는 그 사람 곁에 더 바짝 다가간다.

새벽. 당신을 사색에 잠기게 하거나 한없이 작아지는 듯한 기분을 느끼게 하는 부연 분홍빛이 이곳에 다시 나타나도 우리는 놀라지 않는다. 주변의 풍경과 사람들 위로 내려앉는 첫 새벽의 햇빛은 미약해서 여전히 지구에서 사라져가고 있는 열과 대결할 힘이 없다. 그래서 기온은 계속 떨어진다. 당신이 있는 곳의 위치, 구름의 양, 습도, 기타 등등의 많은 요소에 따라 언제까지 기온이 계속 떨어질지가 달라진다. 열대 우림에서는 몇 분에 불과하지만 극지방에서는 이런 냉각이 며칠이나 지속되기도 한다.

그래도 조금 더 기다리면 태양은 천천히 우리를 비추기 시작하고 어느 순간에는 눈부시게 빛난다. 열역학적 평형에 도달하면 땅이 곧 데워지고 당신 주변

의 식물들도 손가락을 쭉 편다.

그러면 당신의 손도 더 이상 차갑지 않을 테지.

어쨌든 당신은 빛나

YOU EMIT RADIATION ANYWAY

많은 사람들에게 조금 놀랍게 들릴 수도 있겠지만, 당신과 나를 포함한 모든 것은 전자기 에너지를 복사radiation의 형태로 방출한다. 얼마나 많이, 어떤 종류를 방출하느냐가 조금씩 다를 뿐이다. 복사라는 과정을 통해 에너지는 파동이나 입자 형태로 우주를 통과하고 광물 속을 지나간다. 영어의 'radiation'이라는 단어가 전자기적 복사와 핵 방사선 모두에 쓰인다는 사실 때문에 약간의 혼란과 우려가 생길 수도 있다. 둘 다 자연적으로 생겨나기도 하고 인공적으로 만들 수도 있다. 거의 모든 종류의 전자기 에너지는 대부분 해롭지 않다.

우리는 초당 1만 5,000개의 방사선 입자를 맞고 있다. 연간 5천억 개에 달하는 양이지만 대부분 자연적 원천에서 나오는 것이다. 또한 우리는 언제나 극미량의 방사선을 흡수한다. 포타슘-40이라는, 포타슘의 자연발생 동위원소는 인간을 포함한 동물에게 있어 가장 큰 방사능 공급원이다. 포타슘-40을 상당히 많이 포함하고 있는 가장 흔한 예는 바나나와 브라질너트다. 그러나 엑스선 촬영을 한 번 할 때 노출되는 양에 맞먹는 방사선량을 흡수하려면 바나나를 600개는 먹어야 한다(평범한 미국인은 자연적 공급원에 의한 것만 해도 엑스선 촬영 36번에 해당하는 양을 매년 받고 있다).

어디에나 있는, 전파에서 오는 방사선도 걱정할 필요가 없다. 휴대전화보다 촛불 하나가 더 많은 방사선을 내는 정도라서 멀리 있는 사람과 아주 오래 통화를 해도 괜찮다.

사람이 내는 복사의 대부분은 적외선이다. 열복사의 일종으로, 전자기 스펙트럼의 일부이며 열과 다를 바 없이 완전히 무해하다. 따뜻한 물체는 차가운 천체보다 더 많은 적외선 복사를 방출하고, 그 양은 표면 온도, 면적, 그 사물의 특성에 따라 다르다. 지구상의 모든 것이 온갖 종류의 방사능을 끊임없이 맞고 있지만, 대부분 그대로 지나가버린다는 것을 기억하면 무척 안심할 수 있다.

그건 단지 꿈일 뿐

IT WAS ONLY A DREAM

우리가 왜 잠을 자는가에 대해서는 수십 가지의 다양한 견해가 있지만 공통적인 합의가 이루어지지는 않는다. 잠이 우리가 공유하는 가장 중요한 행동 경험이라는 것을 생각하면 멋진 일이다. 우리는 평균적으로 인생의 3분의 1을 눈을 감은 채 보낸다.

모두가 동의하는 것 두 가지는, 우리가 밤 동안 경험하는 수면 주기의 단계, 그리고 그 동안 몸과 마음에 일어나는 다소간의 변화에 관한 것이다. 첫 번째의 얕은 수면 단계는 잠에 들락말락 하는 것이다. 근육이 갑자기 무의식적으로 수축하거나 움직이는 경우가 많고, 쉽게 잠에서 깨어날 수 있다. 다음 단계에서는 눈의 움직임이 멈추고 뇌파가 느려지기 시작한다. '수면방추'로 알려져 있는 뇌 활동은 여전히 조금씩 일어난다. 세 번째 단계가 되면 뇌파는 더욱 느려져 '델타파'로 접어든다. 네 번째 단계에서는 눈의 움직임이나 근육 활동이 사라진다. 3단계와 4단계가 깊은 잠에 해당하고, 이 단계에 접어든 사람은 대체로 잠에서 깨우기 매우 어렵다.

그런 다음 렘REM수면 단계로 넘어간다. '급속 안구 운동'이라는 뜻의 이름을 갖는 이 단계에서는 안구가 움직이며, 가볍고 얕고 불규칙한 숨을 쉰다. 반면 사지의 근육은 일시적으로 마비된 상태다. 불쾌하게 들릴 수도 있겠지만, 전체 주기 중 매우 중요하고 회복에 도움이 되는 부분이다. 렘수면 상태일 때와 비렘수면 상태일 때 두뇌 활동의 차이는 수면과 비수면 사이의 차이만큼이나 두드러진다. 잠에서 깨어난 뒤에도 생생하고 정교하게 기억할 수 있는 꿈은 대부분 렘수면 동안 꾼 꿈이다. 이러한 일련의 단계들의 주기를 한 번 완료하는 데 90분에서 110분 정도 걸리며, 주기가 거듭될 때마다 렘수면이 차지하는 시간이 점차 길어진다.

동물의 왕국에서는 자는 데 쓰이는 시간의 편차가 대단히 크다. 코알라는 하루에 22시간이나 자는데 코끼리는 두어 시간 눈을 붙이는 정도이고, 우리는 그 중간쯤 되는 여덟 시간을 자는 데 쓴다. 우리에게 수면이란 단지 에너지 재보충의 문제가 아니다. 밤에 깨어 있지 않고 잠을 잠으로써 보존되는 에너지는 작은 치즈 한 조각을 먹느냐 먹지 않느냐의 차이 정도에 불과하다. 수면에 관한 몇몇 이론들은 손상의 반전을 강조한다. 몸과 마음에 일종의 냉찜질을 할 수 있는 기회라는 것이다. 정보 처리 이론과 같은 다른 이론들은 전날의 경험을 분류하고 필터링해 기억을 명확하게 만들고 통합하는 역할을 강조한다.

아직은 생물학적 미스터리 같은 것으로 남아 있지만, 수면의 부족이나 과다가 우리에게 심각한 영향을 미친다는 것은 아주 명확하다. 너무 오래 자는 것도 너무 적게 자는 것도 도움이 되지 않는다. 서구 사회는 만성 수면 결핍을 기대하고 그걸 평균이라고 여기며, 심지어는 동경하기도 한다. 그러나 이는 심신의 건강에 장기적으로 심각한 영향을 미친다. 좋은 휴식의 중요성은 아무리 강조해도 끝이 없다. 작가 짐 부처가 이렇게 말했던 것처럼, "잠은 신이다. 찬양하라".

지구 다섯 바퀴 걷기

YOU WILL WALK AROUND EARTH FIVE TIMES

적당히 활동적인 사람은 80대의 노년까지 살면서 지구 둘레의 다섯 배에 달하는 거리를 걷게 될 것이다. 지구의 적도 둘레는 대략 4만 킬로미터에 이르며, 보통의 개인은 평생 17만 7,000킬로미터 이상을 이동한다. 긴 거리 같기도 하고 짧은 거리 같기도 하다. 사람이 이 행성의 먼 구석구석까지 정착하는 데에는 8만 5,000년이나 걸렸다.

우리는 지구가 둥글다는 것을 수천 년 전부터 알아왔다. 그리스인들은 지구가 둥글다는 것을 최초의 세계일주 훨씬 이전에 알아냈고, 뉴턴은 지구가 완전한 구가 아니라는 것을 최초로 제안했다. 지구는 '편구'의 형태로 되어 있다. 극지방이 약간 찌그러져 조금 납작한 구 모양이다. 지구의 경우 시간당 1,600킬로미터가량이나 되는 멀미날 듯한 회전 속도 때문에 그렇게 된 것이다.

한 가지 특이한 것은 지구가 완벽한 편구도 아니라는 것이다. 지구의 질량이 고르게 분포한 것이 아니라서 가장 높은 산맥처럼 질량이 더 집중된 지역은 중력이 더 세다. 이러한 예외 지역은 산과 계곡이 생기거나 사라지면서, 가끔 불쑥 운석이 나타나 지표면에 충돌하면서, 그리고 지구를 달과 태양이 각각 끌어당기는 힘과 바다와 대기의 무게 변동에 의해서 아주 오랜 기간에 걸쳐 조금씩 바뀌어 간다. 이런 것들 때문에 지구의 표면이 불규칙적으로 울퉁불퉁한데, 지구 전체의 규모로 보면 지표면은 실제로 그런 울퉁불퉁한 부분을 평탄하게 하려는 경향이 있다. 그런 안정화 과정을 '진극 배회'true polar wander라고 한다.

지구의 형태 변화를 꼼꼼하게 추적하기 위해 과학자들은 지표면의 여기저기에 높낮이나 위치의 미세한 변화를 감지할 수 있는 GPS 수신기 수천 대를 설치해두었다. 인공위성에 가시광선 레이저를 쏘기도 하고 전파 망원경으로 은하 너머에서 오는 전파도 수신한다. 모두 흥미진진한 이야기들이다. 모든 것을 꾸준히 관찰하는 것으로 시작해 더 많은 일을 할 수 있을 것이다.

26억 번의 심장박동

2,600,000,000 HEARTBEATS

가끔 심장은 왜 하나뿐일까 하는 생각이 든다. 선택의 여지 없이 하나의 심장에만 그토록 의존해야 하는 것도, 심장이 우리의 실수나 첫사랑 같은 것에 개의치 않고 꾸준히 리듬에 맞게 박동한다는 것도 신기하게 느껴질 때가 있다. 심장은 한 시간에 보통 4,800번 뛴다. 일 년에는 4천만 번, 평균 수명 동안 26억 번이다. 가늠하기 어려울 수 있지만, 가장 작은 포유류 에트루리아 땃쥐Etruscan shrew의 심장은 한 시간에 10만 번 가까이 뛴다. 사람의 심장보다 20배는 더 빨리 움직이는 것이다.

심장은 가슴 중앙에서 약간 왼쪽에 위치한 근육으로 길이 약 13센티미터, 너비 약 9센티미터, 앞뒤로 약 6.4센티미터 되는, 꽉 쥔 주먹만 한 크기다. 심장은 심방과 심실, 그리고 늘 같은 결정으로 유지되는 복잡한 시스템이다. 또한 무엇이든 할 수 있는 잠재력을 갖고 있다.

심장과 함께 뛰어주는 자연의 페이스메이커는 우심방에 위치한 '동방결절'이다. 동방결절은 전기자극을 주어 심장이 뛰도록 지시하고, 때로는 다른 신경이 그런 지시의 속도나 심장 수축 강도를 조절한다. 인체에 양분을 수송하는 혈관을 한 줄로 쭉 이으면 지구를 두 바퀴 감을 수 있을 만큼의 길이인데, 몸속에서 혈액이 혈관을 따라 심장에서부터 다시 심장까지 순환하는 데는 불과 1분밖에 걸리지 않는다. 우리는 심장 박동 소리를 때때로 인지하기는 하지만 관심을 별로 두지는 않는다. 심장 박동 소리는 두 부분으로 나뉜다. 첫째는 삼첨판과 승모판의 밸브가 닫히는 소리, 둘째는 대동맥과 폐의 밸브가 닫히는 소리로 각각 S1, S2라고 불린다.

가끔 심장이 부서질 것 같은 때가 있는데, 실제로도 가능한 얘기다. 깊은 감정적 괴로움과 걱정을 겪을 때 나오는 호르몬인 코르티솔은 심장에 해롭다. 그

무슨 일이죠?
부서진 것 같네요.

럴 때의 뇌 영상을 보면 맨손으로 너무 뜨거운 컵을 들고 있을 때 느끼는 고통과 동일한 신경학적 경로가 활성화된다.

조심해서 사용해야 한다.

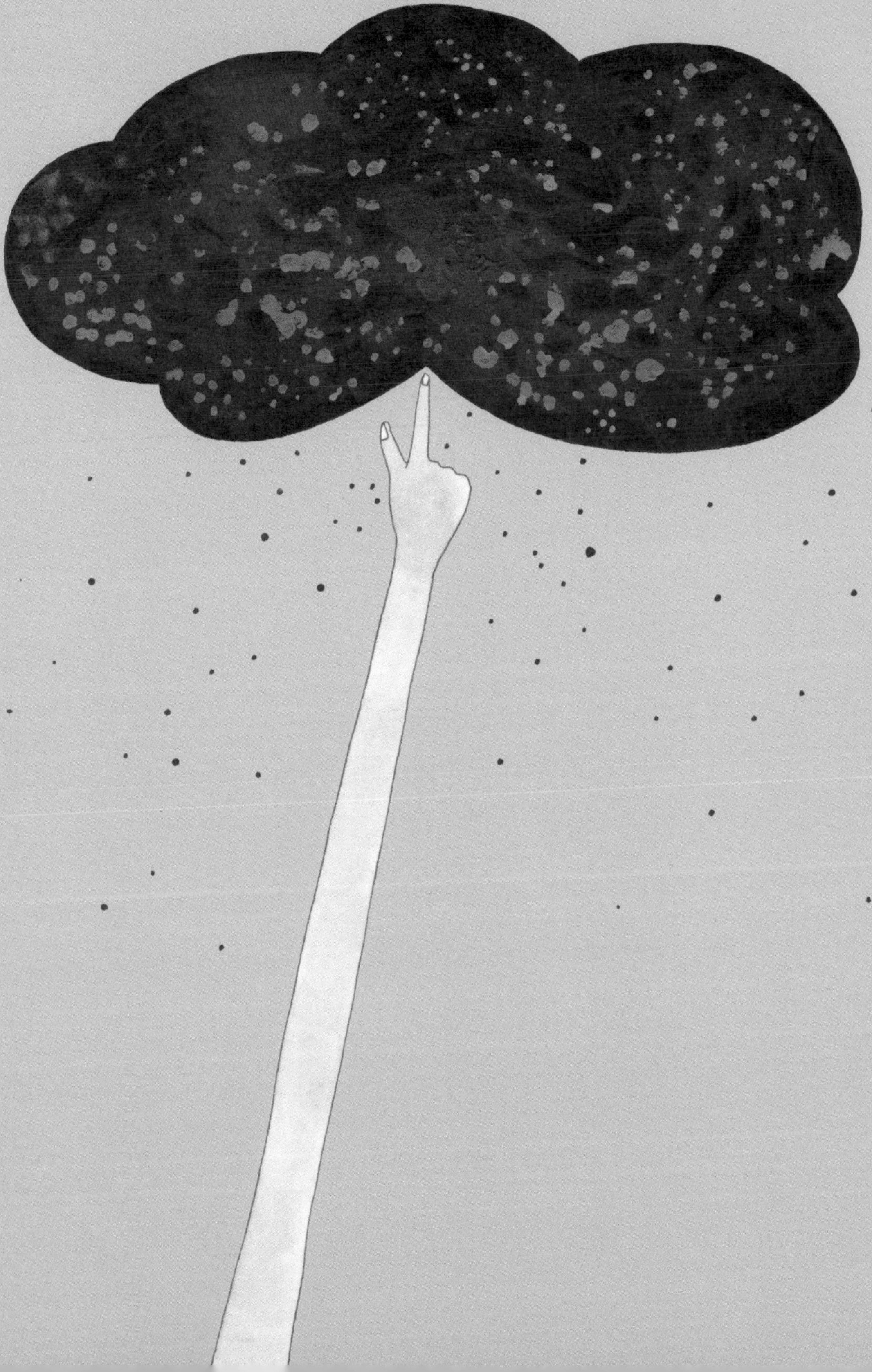

절대로 닿을 수 없는

NEVER TOUCHING ANYTHING

인간은 걸어 다니는 에너지 패턴, 원자와 전자구름으로 이루어진 향연에 지나지 않는다(79쪽 참조). 사물의 표면을 만져볼 수 있는 것은 그 춤추는 듯한 전자들 덕분이다. 당신 안의 전자구름과 다른 사물의 전자구름은 서로 상호작용하지 않으려고 애쓰려다 오히려 상호작용하게 된다.

전자들은 모두 같은 에너지 상태를 가질 수 없다. 복잡한 양자역학적 조합과 전자들이 따로 또 같이 붙잡고 있는 전자기력 때문에 우리는 원자 수준에서 보면 무언가를 실제로 만질 수 없다. 상상할 수 없을 만큼 작은 규모에서 진행되어서 분별하기조차 힘든 여러 가지 일들 때문에 물체와 물체 사이에는 원자 수준의 아주 좁은 틈이 생긴다. 당신의 손과 책 사이에도, 책의 페이지 사이에도, 발과 바닥 사이에도 작은 규모로 보면 틈이 있는 것이다. 당신이 하고 있는 일은 오해의 소지가 있는 물질 집합을 붙들고 있는 것뿐이다. 무언가를 자를 때도 마찬가지다. 당신이 무엇을 자르려 하든, 칼이나 가위는 그것에 가 닿는 것이 아니라 원자들을 밀어내는 것이다.

전자들을 붙들고 있는 전자기력은 엄청나게 세서, 지구 중력장의 배에 달한다(다시 말하면, 1,000,000,000,000,000,000,000,000,000,000,000,000배 강하다). 원자 안에서 전자들은 서로 단호하게 거리를 두며 절대로 닿지 않으려 하지만 완전히 멀리 떨어지지는 못한다. 전자는 다른 전자들이 모두 어디 있는지 보지 않고도 알지만, 서로 최대한 무관심하고 초연한 상태를 유지한다.

당신과 손을 잡을 때 우리가 느끼는 것은 전자구름과 전자기장이다. 촉감은 사물 사이에 작용하고 있는, 아주 작지만 무척 중요한 척력일 뿐이다.

왜 항상 나만 비를 맞을까

WHY DOES IT ALWAYS RAIN ON ME

비를 경험할 가능성은 지구상의 어디에 있느냐에 따라 크게 다르고 시기에 따라서도 변한다. 그래서 날씨 이야기로 대화를 시작하는 것은 어디서나 잘 통하는 듯하다. 평균 강우량이 가장 높은 곳은 인도 카시 산지의 높은 산맥에 위치한 모신람이라는 작은 마을이다. 지구상에서 가장 건조한(그리고 가장 어둡기도 한) 장소는 남극의 리지 A라는 곳이다. 그곳의 공기는 사하라사막보다 100배나 더 건조하다.

지구 표면의 물은 태양빛을 받아 가열되면 증발해서 공기 중으로 올라가 수증기가 된다. 어느 정도 높이로 올라가면 주변 온도가 낮아져 대기 속 입자 주변에 응결하면서 구름의 형태로 나타난다(49쪽 참조). 공기가 따뜻하면 차가운 공기보다 더 많은 수증기를 함유할 수 있긴 하지만, 몇 도의 공기든 습기를 더 이상 머금을 수 없는 포화 상태에 이르기도 한다. 이론적으로 상대 습도 100퍼센트에 도달하는 것이다. '습도'는 공기 중 수증기량을 뜻한다.

비가 내리는 데에는 충돌·병합 과정과 베르게론 과정이라는 두 가지 방식이 있다. 충돌·병합 과정은 온도가 빙점보다도 훨씬 낮은 대기 상층부에서 상대적으로 따뜻한 구름 속의 큰 물방울들이 주변의 작은 물방울과 충돌하면서 서로 병합하는 과정이다. 수백만 개의 물방울이 서로 혼합된 뒤에는 아주 무거워져서 도중에 증발되지 않고 비가 되어 내린다.

그보다 더 높고 차가운 대기층에서는 다른 방식으로 비가 만들어진다. 일명 베르게론 과정이라는 것으로, 우리가 맞이하는 강우는 대부분 이렇게 형성된다. 공기 중에 있는 순수한 물은 온도가 영하 40도에 달해도 얼지 않고 '과냉각'된 물방울로 존재하면서 더 차가운 구름 속 얼음 결정 주위를 감싸 눈 결정만큼 크게 만든다. 충분히 무거워지면 이 물방울은 비가 되어 내리는데, 하강하는 과정에서 점점 더 크게 자란다. 지상에 도착할 때까지 계속해서 온도가 빙점 이하로 춥다면 눈이 되어 내리지만, 도중에 상대적으로 조금 더 따뜻한 공기를 만난다면 녹아서 비로 내린다.

가장 잘 알려진 경이로운 레인메이커들은 고층운(약한 강우), 층운(이슬비 수준), 난층운(가장 흔한 비), 적란운(심한 폭우와 천둥을 일으키는 원흉) 등이다.

구름의 여러 이름을 기억하지 못해도, 구름이 겨우겨우 보일 만큼 작은지 무시무시한 거대 먹구름인지도 상관없이, 우리에게 뿌려지는 비는 무척 독특한 향을 풍긴다.

폭풍이 몰아치기 직전, 어떤 사람들은 산소의 한 형태인 오존의 냄새를 알아차린다. 오존이라는 이름은 그리스어의 ozein('냄새를 맡다'는 뜻)을 본딴 것이다. 오존은 번개가 질소와 산소 분자를 분해할 때 일종의 임계점에서 생성되고 맛으로 느껴지기도 한다. 대부분 사람들은 비가 내린 뒤, 특히 강한 폭풍우가 지나간 뒤에야 상쾌하고 염소chlorine에 가까운 냄새로 오존의 존재를 알아차린다. 오존의 냄새는 꽤 쉽게 맡을 수 있지만 인간의 코는 때때로 토양 속 박테리아의 신진대사에서 나오는 부산물인 지오스민의 냄새에 훨씬 더 민감하다. 지오스민의 냄새는 축축한 흙의 냄새와 비슷하고 구름 속으로 끌려들어간 듯한 말끔한 느낌을 준다. 지오스민은 특정 식물들이 비밀스럽게 간직하다 비온 뒤 내뿜는 기름 성분과 결합해 축축한 날씨에 가장 흔히 맡을 수 있는 향을 만들어낸다.

1964년 호주의 연구자 이사벨 조이 베어와 리처드 G. 토마스는 비의 냄새가 정확히 어디서 오는지를 연구하다가 '페트리코어'petrichor라는 용어를 만들었다. 페트리코어(그리스어로 돌을 뜻하는 페트라petra와 신화 속 신의 피를 뜻하는 이코르ichor에서 온 말)는 건조한 날씨가 이어진 끝에 비가 내릴 때, 혹은 단순히 마른 땅 위에 비가 내릴 때 나는 상쾌한 냄새를 뜻한다.

진화

EVOLUTION

진화는 현대의 생물학적 사고의 발전에 있어서 가장 중요한 것 중 하나다. 진화라는 용어는 모든 살아 있는 유기체의 연결을 의미하며, 수백만 년에 걸쳐 종種 안에서 일어나는 점진적인 변화와 다각화를 말한다. 오늘날 우리가 거울 속에서 보는 스스로를 존재하게 한 바로 그 과정이다.

19세기 중반 찰스 다윈은 《종의 기원》이라는 책을 통해 진화 생물학의 근간을 세우고, 자연 선택이라는 것에 방점을 두는 진화론을 제창했다. 다윈이 제시한 아이디어는 개체 집단들이 여러 세대에 걸쳐 서서히 진화한다는 것으로, 과학적으로 광범위한 동의를 얻기까지 20여 년이 걸렸다. 그가 제시한 적응이라는 개념은 1930~40년대가 되어서야 현대 이론의 단단한 중심으로 자리 잡았다. 이제는 생명체를 연구하는 과학 분야에서 가장 통합적인 이론이 되었다.

어떤 종이 그들의 환경에 더 잘 적응하기 위해 질병을 더 잘 견뎌내고 생존 가능성을 높이는 방향으로 긴 시간에 걸쳐 변화하는 것을 진화라고 한다. 이러한 강점은 후손에게 전해질 가능성이 더 높은데, 눈에 보이지 않는 미세한 변화이기 때문에 수백만 년의 규모로 통찰할 때에야 그 극적인 변화를 알아볼 수 있다.

과학자들은 지구상에 약 1조 가지의 종이 존재할 수 있을 것으로 추정하지만, 그중 인류가 알고 있는 것은 1퍼센트의 1,000분의 1에 지나지 않을 만큼 적다. 그러나 과거로 거슬러 올라가 보면 지구상의 모든 생명체들은 "모든 생물의 공통 조상"이라 불리는 조상의 후손이다. 정확히 무엇이었는지는 잘 모르지만, 이 조상은 대략 40억 년 전에 살았을 것으로 생각된다.

인류의 경우 우리 호모 사피엔스는 비교적 최근까지 적어도 12종의 다양한 초기 인류와 공존했다. 유일하게 살아남은 우리의 유전적 다양성을 유인원과

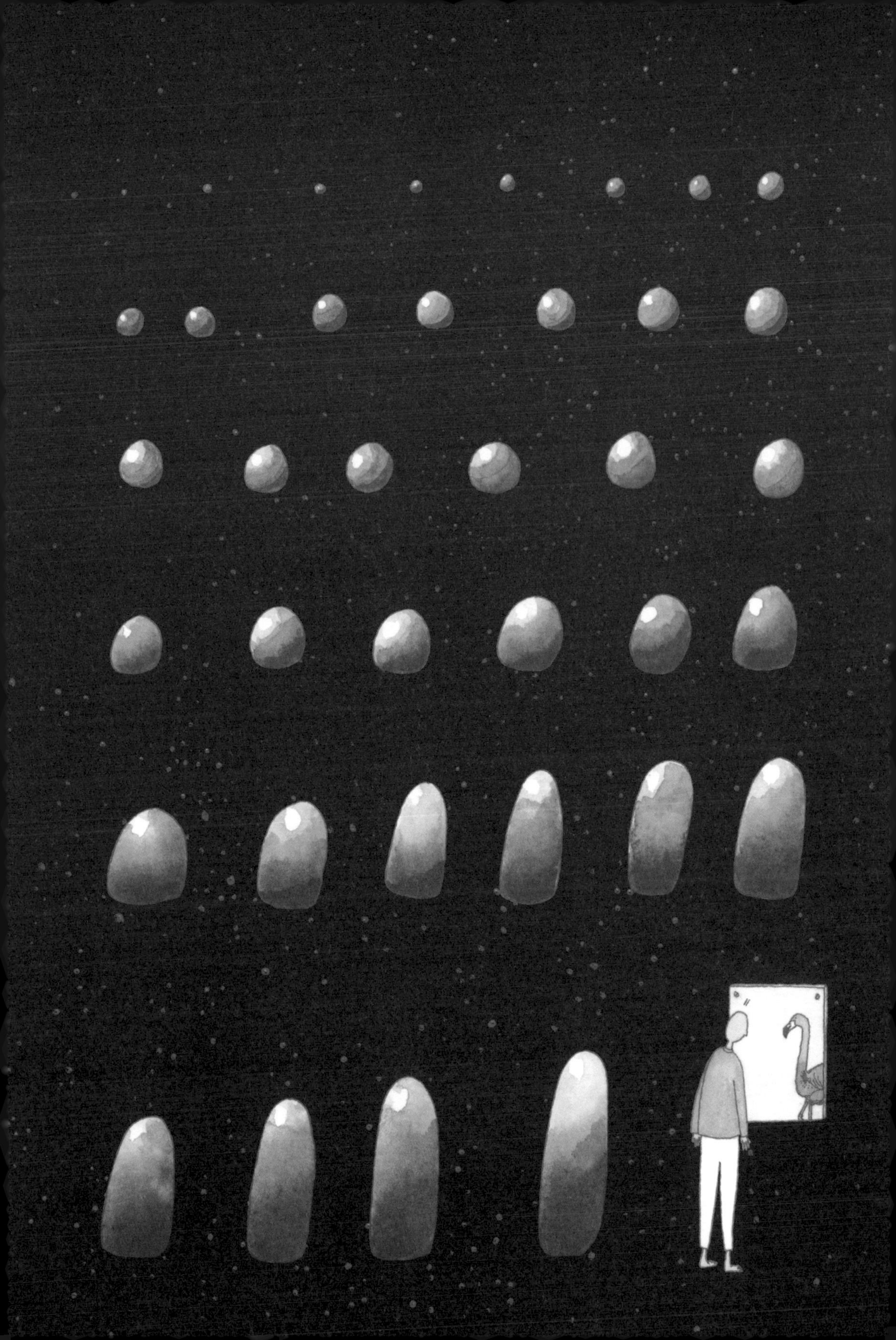

비교해보면 놀랄 만큼 다양하지 않다. 유전적 다양성은 종 전체가 갖는 다양성에 도달할 때까지의 번식에 필요한 개체수를 뜻하는 '유효집단 크기'를 이용해 측정한다. 우리의 경우는 불과 1만 5,000명이면 현재 지구상의 70억 인구가 갖고 있는 유전적 다양성을 재현할 수 있다. 비교를 위해 예를 들자면, 어떤 쥐는 유효집단 크기가 50만을 훌쩍 넘는 경우도 있다.

진화에 대해 잘 모르거나 혹은 진화 과정의 복잡함에 대해서 대단히 익숙하더라도, 그 모든 것의 혈통이 얼마나 고대로부터 내려온 것인가를 기억해보는 것은 훌륭하고 또 아름다운 일이다. 우리는 다리가 달렸기도 했고 비늘로 덮였기도 했다. 척추가 있기도 했고 없기도 했다. 산꼭대기에서 숨을 쉬었고 수중 호흡은 하지 않았다. 날개도 달렸었다. 사랑니는 아직도 남아 있다.

H He
Li Be B C N O F Ne
Na Mg Al Si P S Cl Ar
K Ca Sc Ti V Cr Mn Fe Co Ni Cu Zn Ga Ge As Se Br Kr
Rb Sr Y Zr Nb Mo Tc Ru Rh Pd Ag Cd In Sn Sb Te I Xe
Cs Ba La Hf Ta W Re Os Ir Pt Au Hg Tl Pb Bi Po At Rn
Fr Ra Ac Rf Db Sg Bh Hs Mt Ds Rg Cn Nh Fl Mc Lv Ts Og
Ce Pr Nd Pm Sm Eu Gd Tb Dy Ho Er Tm Yb Lu
Th Pa U Np Pu Am Cm Bk Cf Es Fm Md No Lr

주기적으로

PERIODICALLY

주기율표는 우주에서 발견된 모든 요소를 격자 형태의 표에 신중하게 배치해놓은 것으로, 아마도 화학에서 가장 중요한 참고자료일 것이다. 현재까지 알려진 원소는 총 118개로, 그중 90개는 자연에서 발견할 수 있는 것이고, 나머지는 인공적으로 합성해 만드는 것이다(원자 번호가 92보다 큰 것이 인공 원소다). 주기율표상에서 원소들은 원자 번호, 즉 핵 속의 양성자 수가 증가하는 순서로 배치되어 있다. 주기율표의 첫 번째 원소는 핵 속에 양성자 하나가 들어 있는 수소이고, 현재 양성자의 수가 가장 많은 원소는 오가네손이다.

주기율표상에서 같은 행에 있는 원소들은 같은 주기, 같은 열에 있는 원소들은 같은 군에 속한다. 주기율표에는 7개의 주기와 18개의 군이 있는데, 같은 군의 원소는 비슷한 특성을 가진다. 이러한 특성이 반복적 패턴을 보이는 것을 "주기율"이라 하며, 주기율표를 통해 아직 발견하지 못한 원소의 특성도 예측할 수 있다. 가장 최근에는 2016년에 4개의 원소가 확인되어 주기율표에 추가되었다. 새로 발견된 원소에는 전통적으로 신화 속 인물이나 광물, 장소, 그 원소의 특징을 나타내는 이름을 붙이고, 가끔은 과학자의 이름을 붙이기도 한다. 오가네손은 이 4개의 원소 가운데 하나로, 초중량 원소 분야의 선도적인 과학자 유리 오가네시안 교수의 이름을 따른 것이다. 나머지 세 원소에는 니오븀(일본을 뜻하는 일본어 니혼에서 따옴)과 모스코븀, 테네신(둘 다 모스크바와 테네시 두 지역 과학자들과의 협업을 의미)이라는 이름이 붙여졌다.

주기율표는 드미트리 멘델레예프라는 러시아의 화학자가 1869년 창안해냈다(이전에도 여러 버전의 비슷한 표가 존재했지만 과학적으로 인정받은 것은 그가 처음이었고, 주기율표는 가끔 멘델레예프의 표라고도 불린다). 그가 처음 만든 표에는 63개의 원소만 들어 있었지만, 다른 원소들의 존재와 특성을 정확하게 예측해두었다. 주기율표를 이용하면 모든 원소를 놀라울 만큼 규칙적으로 정돈할 수 있기 때문에 과학자들이 어떤 원소가 다른 원소와 어떻게 상호작용하는지, 어떤 종류의 화학 작용이 일어날 수 있는지를 이해하고 예측하는 데 도움이 된다.

주기율표는 눈으로는 보이지 않는 것들을 나타내는 작은 숫자와 알파벳 글자를 통해서, 존재하는 모든 원소를 조직적이고도 신중하게 표현한 것이다.

죽어가는 별의 냄새

THE SMELL OF DYING STARS

여러 해 전 천문학자들은 우리가 알고 있는 우주 공간상에서 가장 나이가 많은 별 하나를 찾아냈다. 지구로부터 겨우 6,000광년 떨어진 곳에 위치한 그 별의 나이를 추산해보면, 빅뱅이 있었던 138억 년 전 정도에 태어났을 것으로 생각된다. SMSS J031300.36-670839.3이라는 이름이 붙어 있는(흔히 SM0313이라고 줄여 부른다) 그 별은, 남쪽 하늘의 물뱀자리에 있고 큰 망원경으로 볼 수 있다. SM0313은 우리 태양보다 60배나 큰 원시성의 잔해에서 생성되었다.

이 별이 발견되기 전까지 과학자들은 원시성(굉장히 나이가 많은 축에 속하는 별)이 항상 큰 초신성 폭발이 일어날 때, 특히 엄청난 양의 철분이 뿜어져 나오면서 생성된다고 생각했다. 그런데 SM0313을 자세히 조사해보아도 철분은 그렇게 많지 않고 대부분 수소와 헬륨으로 되어 있었다. 그렇다면 이 별을 탄생하게 만든 원시성 폭발은 에너지가 상당히 낮았다는 뜻이다. SM0313은 우주 최초의 초신성 폭발 후 가장 처음으로 생긴 별, 즉 종족 II에 속하는 별일 것으로 생각된다. 이런 종류의 여러 발견을 통해 천문학자들은 별을 만들어내는 조리법을 찾아내고, 우주의 지문들을 망라할 수 있게 된다.

별은 내부의 핵연료가 소진되면 죽음을 맞이한다. 별의 죽음은 대개 수백만 년 걸리는 과정이다. 가장 큰 별일수록 대단히 극적인 형태로 죽음을 맞이하고, ('적색 왜성'이라 불리는) 가장 작은 별일수록 핵연료를 천천히 소진하면서 1천억 년에 이르는 긴 시간 동안 안정적으로 존재할 수 있는데 이는 우주의 현재 나이보다 훨씬 더 긴 시간이다.

가장 큰 별들은 연료가 소진되면 수축된다. 외피는 초신성 폭발로 인해 날아가버리고 남은 잔해가 수축해 '중성자별'이 된다. 만약 질량이 충분히 크면 블랙

홀도 생겨난다. 보통 크기의 별의 경우는 부풀어올라 '적색거성'이 되었다가 외피를 우주에 흩뿌려 '행성상 성운'을 만들어낸다. 그러면 이 별들의 남은 핵은 '백색왜성'이 되어 수십억 년에 걸쳐 냉각된다.

이 같은 연소 과정, 그리고 근사한 풍경을 만드는 잔해 덕분에 '다환방향족탄화수소'라 불리는 물질이 온 우주 구석구석까지 흩뿌려진다. 이 화합물들 때문에 우주에서는 뜨거운 금속과 디젤 연기의 냄새, 그리고 이상하리만치 달콤한 탄내의 향연이 빚어내는 기묘한 냄새가 난다.

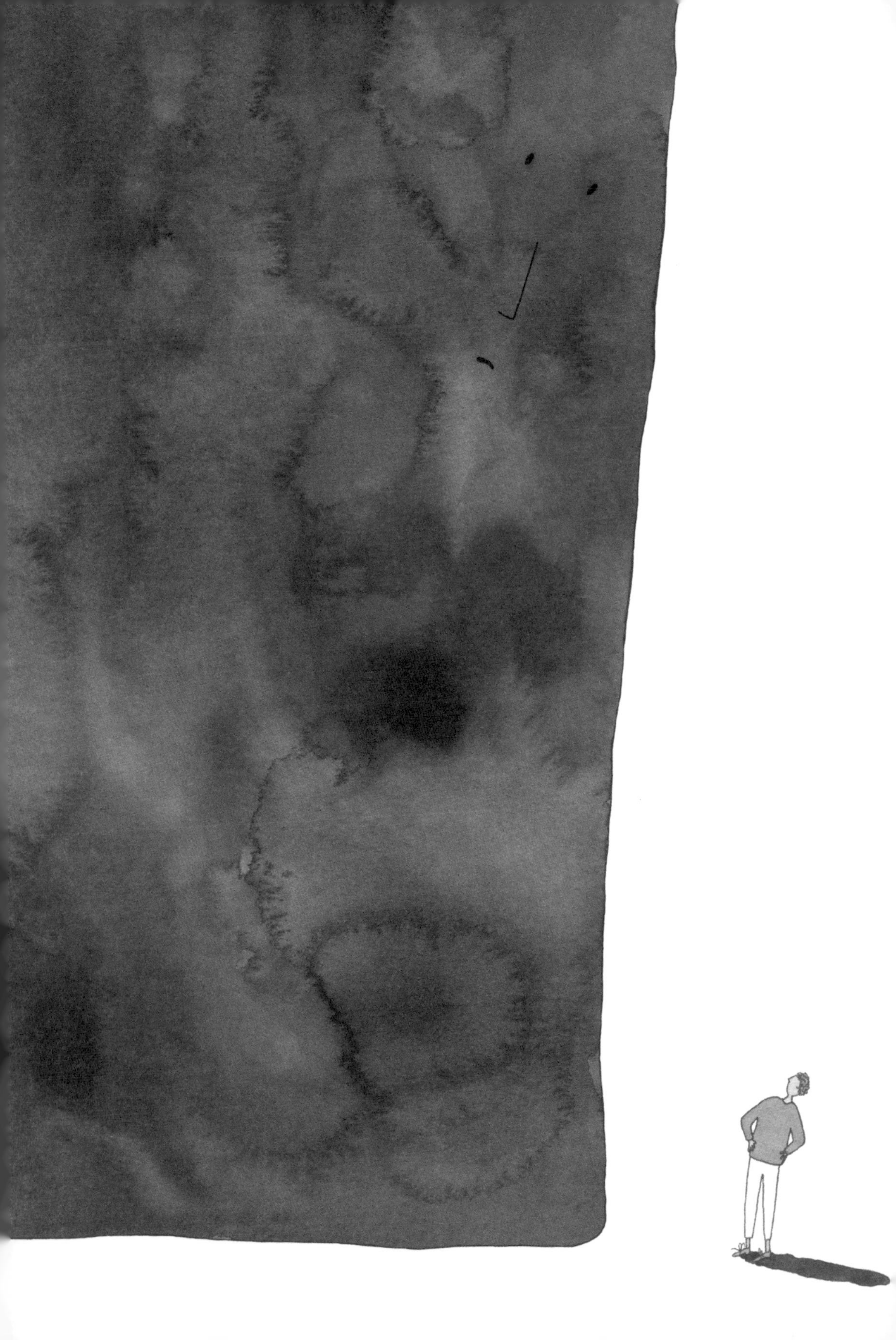

아이겐그라우

EIGENGRAU

‘아이겐그라우’eigengrau는 독일어 아이겐eigen(개별의)과 그라우grau(회색)가 더해져 만들어진 단어로, 아이겐리히트라고도 불린다. 1860년경 독일의 심리학자 구스타프 페히너가 빛이 없는 완전한 어둠 속에서 마구 움직이는 듯한 회색이 보이는 것을 두고 아이겐그라우라고 명명했다. 아이겐그라우의 색은 검정색보다 약간 더 밝은데, 우리가 눈으로 무언가를 볼 때 대비가 가장 결정적인 역할을 하기 때문이다. 밤하늘은 별빛이 있어야만 더욱 어두워 보이는 것이다.

아이겐그라우는 이제는 한물 간 단어로 여겨지고 과학적 글쓰기에서도 거의 사용되지 않지만, 눈섬광phosphene이라 불리는 현상의 멋진 예시라고 본다. 눈섬광은 우리가 눈을 감았을 때 어둠 속에서 보이는 어떤 움직이는 형태와 기묘한 패턴을 말한다. 이러한 형태는 우리가 빛이 있는 곳에서 눈을 뜨고 있을 때와는 달리 다량의 빛과 정보를 처리하지 않는 ‘휴식기’에 망막에서 나오는 전기 전하에 의해 생기는 것으로 보인다. 눈섬광은 ‘내시현상’內示現象이라 부르는, 눈 그 자체에서 시각적 효과가 생기는 증상군의 하나다.

그러나 우리가 찾아볼 수 있는 대부분의 시각적 현상은 빛과 물질이 상호작용한 결과다. 태양이나 달이 대기 중의 먼지, 수분, 구름, 다른 미립자들과 나누는 대화다. 이러한 광학적 현상은 채운(구름이 물 위에 뜬 기름처럼 여러 색의 빛을 띠는 현상), 환일(태양의 양쪽에 밝은 반점이 생기는 현상으로, 무리해라고도 한다), 알펜글로(해가 낮게 떠 있을 때 반대쪽 지평선 부근에 노을처럼 보이는 붉은 빛으로, 산에서 자주 볼 수 있다), 대일조(행성 간 먼지에 의해 태양빛이 산란되는 현상) 등 여러 가지 초자연적 광채를 만들어낸다.

이러한 현상은 대부분 육안으로 볼 수 있지만 몇몇은 정교한 과학적 측정과 관측이 필요하다. 유명한 예시 하나는 일식 동안 태양 근처의 별빛이 휘어져 보이는 것으로, 공간 자체가 휘어지는 현상을 입증한다.

우주에 전화 좀 걸게요

I WOULD LIKE TO PLACE A CALL TO THE UNIVERSE

외부 우주라고 하면 사람들은 대부분 고요, 끝 간 데 없이 광막하고 별빛이 가득 담긴 무성 영화, 소리 없는 디스코 등을 연상한다. 우주가 진공 상태vacuum(어떤 물질도 없는 상태로, '텅 비었음'을 뜻하는 라틴어 바쿠우스vacuus에서 온 단어)임을 생각하면 꽤 합리적인 생각이다. 그러나 사실 우주에는 소음 지옥과 끊임없는 우주적 대혼란이 계속되고 있다. 1964년 천문학자 아르노 펜지아스와 로버트 윌슨은 인공위성의 신호를 받는 안테나를 사용하고 있었다. 그것이 당시 그들의 직업이었는데, 어떤 방법으로도 제거할 수 없는 배경 잡음이 무척 거슬렸다. 알고 보니 우연히 우주 복사의 가느다란 소리에 주파수를 맞췄던 것이다. 그것은 빅뱅의 결과 남은 배경 전자기파, 곧 우주에서 가장 오래된 소리였다. 그때부터 우리는 이 정교하고 특별한 우주의 노래에 대해 알게 되었다.

천체는 전파와 함께 빛의 파동도 방출한다. 그러니 우리는 천체의 소리를 들을 수도 있고 그 빛을 볼 수도 있다. 전파 천문학자들은 민감한 안테나와 수신기를 가지고 그런 전자기적 진동을 잡아내 음파로 바꾼다. 그러면 태양에서 플레어 현상이 일어날 때 순간적으로 전파 에너지가 터져 나오는 소리, 목성의 표면의 폭풍이 내는 괴이한 소리, 펄사가 메트로놈처럼 꾸준히 쿵쿵거리는 소리, 토성의 얼음 고리에서 나는 소리 등 무無의 소리가 빚어내는 초현실적인 음악을 들을 수 있게 된다.

우주는 소리만 내는 게 아니라 어떤 면에서는 색깔도 만들어낸다. 우주의 어느 한 조각에서 방출되는 가시광 복사를 모두 한데 모을 수 있다면 그 모든 빛이 인간의 눈에 어떻게 종합적으로 감지될지 알 수 있을 것이다. 과학자 이반 볼드리와 천문학자 칼 글레이즈브룩이 바로 그런 일을 했다. 그들은 1998년부터

2003년까지 '2dF 은하 적색편이 조사'라는 연구를 진행하면서 계획에는 없었지만 흥미로워 보이는 사실을 알게 되었다. 5년 동안 20만 개 이상의 은하에서 오는 빛을 관측한 결과, 만약 하늘 전체를 가린다면 우주는 그저 따분한 옅은 베이지색이라는 것이다. 그 색의 이름을 '우주라떼'라고 지었는데, 다른 후보 중에는 '유니베이지' '스카이 보리' '천문학자 아몬드' 등 우주라떼 색을 조금 더 괜찮은 느낌으로 만들어보려는 이름들이 있었다.

우주가 지금은 우주라떼 색일지 몰라도, 영원히 그렇지는 않을 것이다. 시간이 흐르고 별들이 나이를 먹어감에 따라 색은 서서히 바뀌어간다. 젊은 별들은 뜨거워서 근사한 파란 빛을 띠고, 더 늙고 차가운 별들은 점차 붉은 빛을 발한다. 수십억 년 전의 과거에는 젊고 격렬한 별이 그리 많이 보이지 않아서 우주는 수레국화 같은 푸른빛이었을 것이다. 앞으로 다가올 수십억 년 동안에도 우주는 계속 변모할 것이고, 짜릿하게도, 점차 베이지색으로 물들어갈 것이다.

Cosmic Latte

우주라떼

심장 하나 더

MORE THAN ONE HEART

심장을 갖는다는 것이 항상 로맨틱하게 들리는 일은 아니다. 심장이 하나도 없거나 순환계가 통째로 없는 동물도 많다. 그러나 어떤 동물들은 하나로는 부족하다. 문어, 오징어, 갑오징어 같은 두족류는 심장이 세 개나 있다. 하나는 전신을 담당하는 심장이고 나머지 둘은 아가미를 위한 것이다. '아가미심장'은 혈액을 몸 양쪽의 아가미로 보내는 역할을 한다. 두족류는 혈액에 구리가 들어 있어서 파란 피가 흐른다. 지렁이는 심장이 다섯 개라는 소문이 있는데, 심장을 무엇이라고 정의하느냐에 따라서 심장이 다섯 개라고 할 수도 있고 하나도 없다고 할 수도 있다. 지렁이는 식도에만 다섯 개의 위사심장을 갖고 있다.

기묘한 심장 이야기는 거기서 끝이 아니다. 제브라피시는 심장의 20퍼센트가 손상되어도 스스로 심장을 재생시킬 수 있는데, 두어 달이면 완전히 회복된다. 제브라피시에겐 심장이 부서지는 일 따위는 없는 것이다. 숲개구리의 일종인 송장개구리Rana sylvatica는 북쪽 고위도의 현저히 낮은 온도에서도 살아남는다. 신진대사 활동으로 몸속 수분이 어는 시점을 늦출 뿐 아니라, 며칠 혹은 최대 일주일까지 심장 박동이 멈춘 상태로 지낼 수 있어서다. 동면하는 동안 심박수를 현저히 늦추는 동물은 많지만, 이 개구리는 심장이 멈추었다가 아무런 역효과 없이 되살아나는 것이 알려진 유일한 동물이다.

심지어는 심장이 두 개인 사람도 있다. 심근증이라 불리는 심각한 심장 질환의 경우, 의사들은 아픈 심장 옆에 건강한, 일종의 피기백 심장을 새로 붙여서 일을 분담할 수 있게 한다.

오감 그 이상

YOU HAVE MORE THAN FIVE SENSES

기원전 4세기 무렵 그리스의 철학자 아리스토텔레스는 인간이 5가지 감각을 갖고 있다고 했다. 이는 너무도 오래 지속된 생각이어서 지금까지도 많은 사람들이 인간의 감각은 5개뿐이라고 여긴다. 그 후 수세기에 걸쳐 철학자들은 인간 경험의 근본적인 측면에 대해 놓친 듯하다. 한편 오늘날 과학자와 신경학자 들은 인간이 오감 이상의 감각을 갖고 있다고 본다(아직도 감각의 분류는 진중한 논란의 대상이며, 오감 중 어느 것이 독립적이고 어느 것이 그렇지 않은가에 대해서는 일반적 합의가 이루어지지 않았다). 감각의 종류는 22에서 33 사이에 있는 어떤 수 만큼이라고 한다. 그 모든 감각이 분명한 경계 없이 이어져 있어서 우리는 몇 가지 감각을 혼합하기도 한다.

시각, 청각, 후각, 미각, 촉각의 전통적 오감 외에도 수많은 감각이 있다는 것이 점점 더 잘 알려지고 있다. 예를 들어 균형 감각은 대단히 중요한데, 이에 관련된 감각을 고유 감각이라고 한다. 눈을 감고도 팔다리가 어디에 있는지 감지하는 능력이다. 고유 감각이 없다면 우리는 발을 내딛거나 들어 올릴 때마다 항상 발이 어디에 있는지 눈으로 확인하며 걸어야 할 것이다. 온도 감각이라는 것도 있다. 이는 피부 표면과 뇌에 있는 온도 수용체를 사용해 너무 뜨겁거나 추운 환경을 알아채서 체온을 일정하게 유지할 수 있게 해준다.

시간 인지 혹은 시간감chronoception 역시 일종의 감각이다. 정확한 작용 기작은 알려진 바 없지만, 모든 생명체가 그런 감각을 가진 것은 분명히 아니다. 시간감이 사람마다 다르고 외부 요인에 의해서도 바뀌곤 하는 것을 보면 우리에게 천부적인 내적 시계가 있는 것은 아닐 것이다. 그런 게 있다고 해도 우리는 그저 시간이 흐르는 것을 감지할 뿐이다.

전통적인 오감을 지칭하는 과학 용어는 일상적인 움직임도 무척 장엄하고 중요해 보이도록 만든다. 시각인식ophthalmoception, 청각인식audioception, 미각인식gustaoception, 후각인식olfacoception, 그리고 촉감tactioception.

미각은 풍미와는 다르다. 풍미는 맛과 냄새 둘 다를 포함하는 것이다. 1만여 개나 되는 우리의 미뢰는 음식에 닿는 순간 기본이 되는 다섯 가지의 맛, 단맛, 쓴맛, 신맛, 짠맛, 감칠맛 중에서 하나를 고른다. 코에는 400개의 서로 다른 후각 수용체가 들어 있는데, 이를 이용해 1조 개 이상의 서로 다른 향을 구별할 수 있다. 더 놀라운 것은 손가락일 것이다. 손가락에는 2,000개나 되는 촉각 수용체가 있어서 3마이크론 높이의 아주 작은 물체도 감지할 수 있다(사람 머리카락의 두께는 50~100마이크론 정도 된다).

우리의 몸과 마음을 시간과 공간에 따라 이해하는 것은 복잡한 일이다. 어떤 것의 둔한 느낌과 다른 어떤 것의 희미함을 알아채려면 끊임없이 주의를 기울여야 한다.

남쪽의 빛

SOUTHERN LIGHTS

잘 알려지지는 않았지만 북극 오로라(북극광)의 사촌 격인 남극광도 똑같이 아름답다. 남극광도 북극광처럼 우주 날씨의 직접인 결과다.

대부분의 경우 자기권(행성 주변의, 자기장으로 둘러싸인 영역)은 태양풍이나 우주에서 날아오는 강렬한 입자인 우주선宇宙線, cosmic rays 같은 것으로부터 지구를 보호해준다. 오로라는 태양풍에 들어 있는 대전 입자가 지나갈 때 생긴다. 이 입자들은 아주 강하고 오래 지속되는 태양 플레어 현상에 의해 플라즈마와 자기력선으로 된 거대 구름이 태양 밖으로 분출되는 '코로나 질량 방출' 사건과 함께 나타난다. 이 입자들이 시속 6백만 킬로미터 이상의 속도로 1억 5천만 킬로미터를 내달려 지구 자기장에 몰려드는 것을 지자기폭풍이라고 한다. 지자기폭풍에 들어 있는 대전 입자와 원자는 지구 대기 상층부의 산소, 질소와 충돌해서 이들 원자를 더 높은 준위 상태로 들뜨게 하는데, 이 에너지 준위가 다시 떨어질 때 빛이 나오면서 오로라가 나타난다.

남극광이 북극 오로라보다 덜 주목받는 이유는 대개 바다 위에서 발생하기 때문일 것이다. 육지에서 보려면 위도가 비슷한 호주나 칠레, 뉴질랜드의 남단, 혹은 사우스조지아 섬이나 포클랜드 제도 등 남극 근처로 가야 한다. 육지에서 본다고 해도 지평선 저 멀리에 겨우 보이는 경우가 많다. 게다가 우리 눈은 빨간색보다 녹색을 더 잘 감지하는데 북극 오로라는 주로 녹색이고 남극광은 좀더 붉은 빛을 띠는 경향이 있다.

남반구의 아주 고위도 지역까지 가게 된다면 오로라를 기대해보자. 오로라는 지구 대기의 최상층부에서 일어나므로 밤하늘이 맑을 때까지 기다려야 하고, 최대한 광공해가 없는(달은 예외) 어둡고도 어두운 곳으로 가야 한다. 태양의 활동

흐음.
완전 동감.

주기도 고려해야 한다. 태양은 11년 주기로 활발해졌다가 차분해지는데, 지금은 태양의 24번째 활동 주기(인류가 태양 활동을 기록한 이래 24번째)의 극소기를 지나는 중이라서 우주 날씨가 꽤 잠잠한 편이다.

날씨에 어울리는 옷을 입도록 하자.

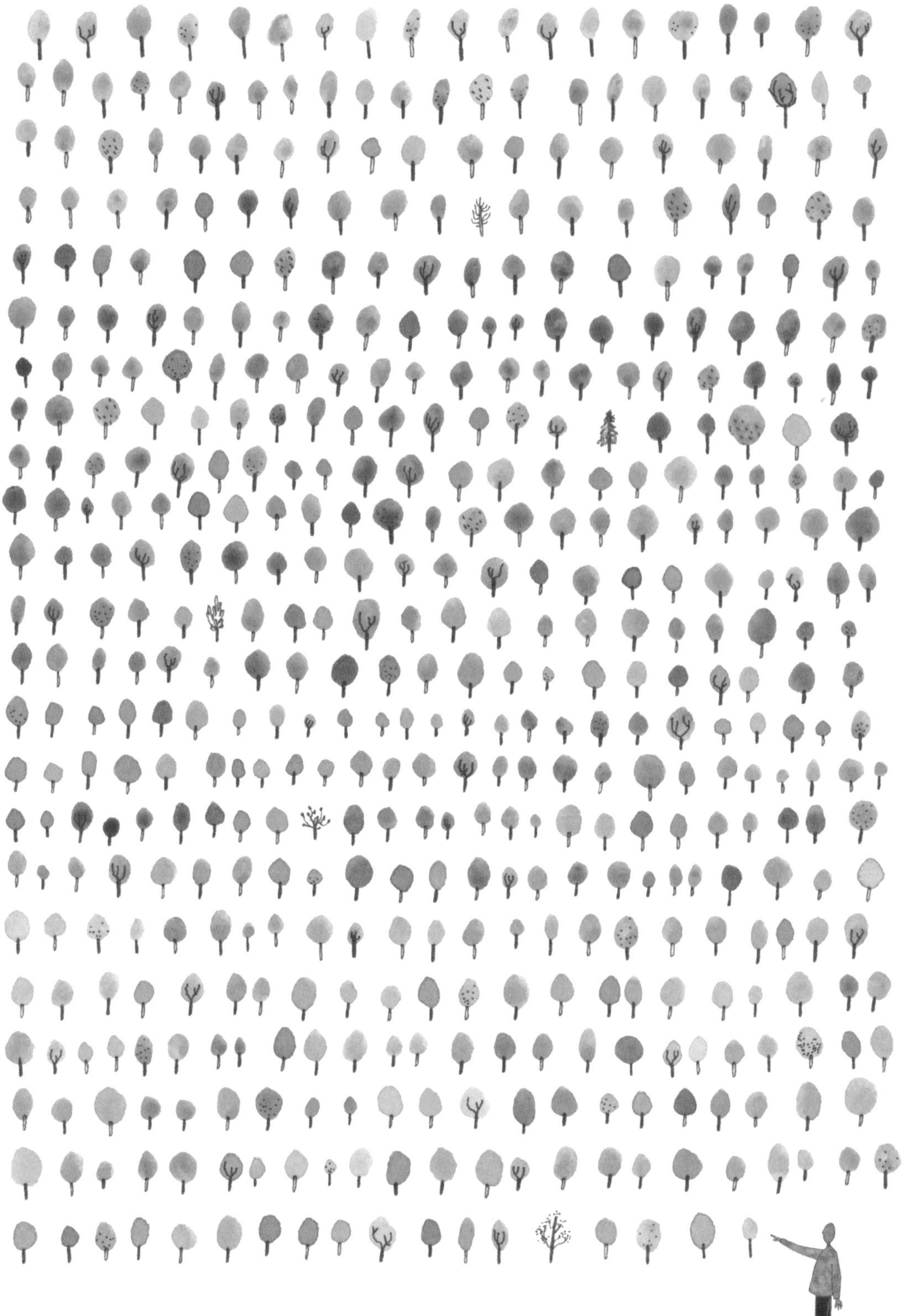

유월이 만드는 변화

WHAT A DIFFERENCE JUNE MAKES

우리 지구에는 3조 그루 넘는 나무가 있다. 한 사람이 400그루씩 거느리는 셈이다. 은하수에 있는 별의 수보다 지구상의 나무 개수가 더 많을 것이다. 대륙의 대부분이 북반구에 있으므로 나무도 당연히 그렇다. 이 세상의 온대림은 대부분 캐나다, 시베리아, 스칸디나비아에서 볼 수 있다.

계절은 나무의 삶에 지배적인 영향을 미치고, 이로 인해 1년 동안 이산화탄소와 산소의 흐름도 상당히 거칠게 변한다. 수많은 나무가 우리 공기에 미치는 이 복합적인 영향은 무척 놀랍다. 나무는 공기를 들이마실 때 이산화탄소를 흡수하고 태양빛의 도움을 받아 이산화탄소를 저장한다. 숨을 내쉴 때는 공기 중에 산소를 내놓는다.

잘 자란 참나무 한 그루에는 최대 50만 개의 잎이 달린다. 각각의 잎은 폐와 비슷한 역할을 하는 '기공'stomata이라는 미세한 구조로 뒤덮여 있다. 이 기공을 통해 이산화탄소가 들어오고 산소가 빠져나간다. 나뭇잎 1제곱밀리미터에는 100개 내지 1,000개의 기공이 있다. 그 모든 기공이 다 함께 지구의 거대한 호흡 체계에 기여하고 있다.

겨울이 되면, 잎이 없는 나무는 호흡기관 대부분을 잃고 조용히 지낸다. 공기 중의 이산화탄소는 갈 곳도 없고 할 일도 없고 누가 집에 데려가지도 않아서 정처 없이 어슬렁거린다. 그러다 6월이 오면 새로 자라난 수십만 개의 푸른 잎이 다시 생기고 이산화탄소로 가득 찬 공기를 완전히 문자 그대로 청소한다. 더 북쪽의 숲으로 갈수록 이산화탄소는 더 특별히 눈에 띈다. 이 같은 청소는 날이 추워질 때까지 계속되다가 11월이 되면 상황이 뒤바뀐다(그리고 계속 반복된다).

나무만이 이산화탄소를 모니터링하는 유일한 수단은 아니지만(바다와 동물도 제 역할을 한다), 나무는 지구의 건강에 눈에 띄게 큰 영향을 미친다. 1만 2,000년 전에는 지금보다 나무가 거의 두 배 많았는데 지금은 우리가 대기 중으로 내뿜고 있는 이산화탄소의 양을 나무가 다 따라잡지 못하고 있다. 그래서 나무 심기는 그 어느 때보다도 더 중요한 여가활동이라고 할 수 있다.

우리에게도 날개가 있을까

YOU MAY AS WELL HAVE WINGS

뼈와 근육은 여러 종에서 비슷하게 나타난다. 유일한 차이가 있다면 대개는 형태나 개수, 명확한 목적 정도다. 이는 주로 동물이 무엇을 하도록 진화했는지와 관련이 있다. 박쥐와 고래에게도 사람의 손에 해당하는 것이 있는데, 존재 목적이 다르므로 뼈의 구조는 약간 다르다. 기린의 목뼈 수는 사람처럼 일곱 개다. 사람은 아침을 먹기 위해 나무를 향해 목을 길게 뺄 필요가 없었을 뿐이다. 새의 경우도 비슷하다. 유쾌하게도 우리의 팔은 새의 날개와 거의 똑같다.

조금 더 얘기해보자면, 새의 차골叉骨, wishbone은 사실 쇄골이 융합된 것으로, 나는 데 필요한 근육을 강하게 붙잡는 유일한 부분이다. 여러 종의 공룡들을 제외하면 새는 차골을 가진 유일한 동물이다. 그러나 모든 새에게 차골이 있는 것은 아니다. 펭귄처럼 날지 않는 조류에게는 차골이 없다. 그런 구조가 필요치 않기 때문이다. 이와 같이 뼈가 융합되는 것은 '골화'라고 하는데, 어떤 동물보다도 새에게서 주로 발견된다. 수백만 년 동안 새들은 골화를 통해 더 강하고 견고한 구조를 갖게 되어 대양을 가로질러 날아갈 수도 있고, 숲 위로, 송전선 사이로 날아다닐 수 있게 되었다. 그리고 날개를 원하는 사람들의 꿈속으로도.

또한 새의 뼈는 공기로 가득 차 있다. 뼛속에 작고 텅 빈, 공기가 들어가는 공간이 있어서 무게를 줄이면서도 역학 강도는 높일 수 있는 정교한 구조로 되어 있다. 새의 몸무게 중 대부분은 골격보다 깃털이 차지한다. 각 조류 종의 비행 방식이 뼛속 '공동'hollow의 개수에 영향을 미친다. 하늘을 가로지르며 활공하고 갑자기 솟아오르기도 하면서 장거리를 나는 새일수록 뼛속 공동의 수가 많고, 펭귄이나 타조처럼 헤엄치거나 달리는 새에게는 하나도 없다.

새들의 뼛속에 있는 이 독창적인 공기 구조를 제외하면(사람의 뼈는 골수, 그

리고 매우 중요한 줄기세포를 포함하고 있다), 사람의 팔은 새의 날개와 대단히 비슷한 '상동'homologous 구조를 보인다. 그렇다면 새와 사람은 진화상의 공통 조상을 가졌을 수도 있다. 서로 종도 다르고 골격의 존재 목적도 다르지만 뼈 하나하나의 구조와 위치가 상당히 비슷하다. 생물학에서 상동 관계가 있다는 것은 양쪽의 골격 구조나 내장기관, 심지어는 유전자의 기원이 같음을 의미한다.

진화 과정에서 남아 있는 자취는 나를 당신과, 그리고 당신을 새들과 이어주는 듯하다. 따뜻한 온도풍을 타고 나는 새들을, 새들의 날개 사이로 지나가는 공기를, 나침반 같은 그들의 심장을.

한꺼번에

ALL AT ONCE

자연에서는 서로 가까이 있는 두 물체가 비슷한 속도로 움직이거나 흔들리면 그 속도나 간격이 점차 같아진다. 따로 움직이는 것보다 함께 움직이는 편이 에너지가 덜 들기 때문이다. 이 멋진 천부적 게으름을 물리학자들은 ‘일동조화’entrainment라고 한다. 어떤 무리가 서로 동기화하려는 양상은 가장 작은 아원자 수준에서부터 시공간의 텅 빈 구석에 이르기까지 우주 전체에 널리 퍼져 있다. 자연적이면서도 기이한 질서를 이루는 이 궁극적 경향성은 엔트로피에 대항하는 듯하다(53쪽 참조). 일동조화는 어디에서나 볼 수 있다. 큰 무리를 지어 날아가는 새떼, 포식자를 피하기 위해 그룹을 지어 다니는 물고기 떼, 조석 리듬, 전자들의 움직임, 그리고 당신에게서도 찾아볼 수 있다.

심장 속에는 ‘동방결절’이라 불리는 천연 심장박동기가 있는데, 이를 구성하는 1만여 개의 세포들이 모두 한 목소리로 심장박동을 지시하는 전기 신호를 보낸다. 각 내장기관 속 세포들도 서로 조화를 이루고 있으며 기능이 완전히 다른 내장기관끼리도 서로 리듬을 맞춘다. 어디 그뿐인가? 우리의 몸은 밤낮의 주기를 따르는 생물학적 시계에 동기화되어 있다.

이러한 동시성을 보이는 것은 인체뿐만이 아니다. 1665년 네덜란드의 물리학자 크리스티앙 호이겐스는 괘종시계 두 개를 서로 가까이 놓이면 처음에는 두 시계추의 움직임이 달라도 나중에는 서로 조화를 이루며 똑같이 움직이는 것을 발견했다. 동남아시아에서는 수컷 반딧불이 수천 마리가 강둑에 늘어서서 일시에 빛을 깜박이기도 한다. 그곳을 방문한 최초의 서양인 여행자들은 환영을 보고 있다고 생각했다.

‘사람 간 동기화’에 대한 연구도 많아지고 있다. 사람들이 필요에 따라 주변 사람들과 동기화하는 방식을 연구하는 분야다. 1800년대 이후로 우리는 호흡이 심장박동과 강하게 연결되어 있음을 알고 있다. '호흡 동성 부정맥'이라는 일동조화 현상으로, 이를 면밀하게 입증하려는 연구가 점차 늘어나고 있다. 덴마크의 한 연구에 의하면 두 사람이 모르는 사이였어도 같은 공간에서 상호 신뢰를 바탕으로 어떤 문제를 해결하고 나면 서로의 심장박동이 보조를 맞춘다고 한다. 스웨덴에서는 합창단원들의 맥박이 함께 빨라지거나 느려지는 것을 발견한 연구가 있었고, 미국의 한 연구에서는 연인들의 경우 몇 걸음 떨어져 앉아 있기만 해도, 서로 간의 대화나 접촉이 없어도 두 사람의 심장박동이 같아짐을 보인 바 있다.

동기화라는 과학 분야는 아직 겨우 걸음마를 떼는 단계에 있다. 수학자들과 물리학자들은 그렇게 흠잡을 데 없이 멋진 현상이 어떻게 아무런 의도나 노력 없이 자연스럽게 일어날 수 있는지 이해하려고 노력 중이다.

"I want to remember
that the sky is
so gorgeously large,
I feel stranded
beneath it."

ANIS MOJGANI

"하늘이 너무나 찬란하게 광대해서, 그 아래서 오도가도 못하게 되었던 것을 기억하고 싶다." _ 아니스 모즈가니

태양?

전형적인 별, 태양

THE SUN IS A TYPICAL STAR

오랫동안 우리의 태양은 보통의 다른 별들을 좌우하는 규칙을 따르지 않는 것으로 생각되었다. 그러나 알고 보면 그렇지 않다.

얼마나 멀리 있든 간에 모든 별은 자기장을 갖고 있다. 태양의 자기장은 11년 주기로 변하고, 이 주기에 따라 흑점, 빛을 내는 정도, 우주로 내뿜는 물질의 양 등이 달라진다. 태양 자기장은 한동안 혼란스러운 상태였다가도 다시 오랫동안 차분한 상태를 유지하기도 한다.

우리가 사랑하는 태양은 우리에게는 빛의 속도로 8분이면 닿을 수 있는 거리에 있는 유일한 대상이지만, 우주에는 그와 비슷한 별이 셀 수 없이 많다. 전형적인 황색 왜성인 태양을 그리스어로는 헬리오스[helios]라고 부른다. 로마인들은 솔[sol]이라고 불렀고, 그래서 태양계를 영어로 'solar system'이라고 한다. 사실 어떤 별이든 행성 혹은 우리 태양계와 같은 행성계를 거느리고 있다면 태양이라고 부를 수 있다. 우리 태양은 꽤 평범한 편이다. 과학자들은 태양이 두 개나 세 개인 '다태양' 행성계를 많이 알고 있다. 비교는 불행의 시작이라지만, 다행히 시공간에서는 그렇지 않다.

앞서 적었듯이(19쪽 참조) 모든 것은 질량 중심 둘레를 돈다. 태양 역시 다른 별들과 함께 은하수 중심 주위를 공전한다. 태양이 한 번 공전하는 데 걸리는 시간을 천문학적 1년이라고 하는데, 이는 시속 82만 8,000킬로미터에 해당한다. 이렇게 상상도 할 수 없을 만큼 빠른 속도로 움직여도 은하 둘레를 한 바퀴 도는 데 지구 시간으로 약 2억 3천만 년이나 걸린다.

암흑 에너지
(약 70%)
바리온 물질
(약 5%)
암흑 물질
(약 30%)

원소에 대하여

ELEMENTARY

원소는 오로지 한 종류의 원자로만 이루어진 근본 물질이다. 우주를 탐구할 때 우리는 원소의 양이 얼마나 많은지, 같은 환경의 다른 원소에 비해 얼마나 자주 생겨나는지 하는 것을 측정한다. 그런 원소들을 '바리온'이라고 하는데, 이들은 우주에서 아주 작은 부분만을 차지한다. 나머지는 암흑 에너지와 암흑 물질이 가득 채우고 있지만, 한 번도 직접적으로 관측된 적이 없으며 어떤 특성이 있는지도 아직 완벽히 이해되지 못했다.

바리온 물질의 98퍼센트는 수소와 헬륨 원자로, 138억 년 전 빅뱅이 일어난 직후의 최초 몇 분간 생성된 것이다. 그 외의 것은 다 합쳐도 나머지 2퍼센트가 된다. 이들은 우주선cosmic ray이 기존에 있던 수은이나 납 등의 무거운 원소와 충돌하면서 그 원소를 리튬, 베릴륨과 같이 더 가벼운 원소들의 배열로 해체시키는 '핵 파쇄'nuclear spallation 과정을 통해 생성된다.

지구에서 흔히 볼 수 있는 10대 원소는 수소, 헬륨, 산소, 탄소, 네온, 질소, 마그네슘, 실리콘, 철, 황 등이다. 그보다 상대적으로 적은 양을 차지하는 다른 물질 중에는 지구상의 생명체에게 대단히 중요한 원소들이 많다. 예를 들어, 식물이 세포 내벽을 구성하는 데는 보론이라는 원소가 반드시 필요하다. 1928년에는 구리가 인간에게 중요하다는 사실이 알려졌다. 피부 색소 형성에서부터 손상된 결합 조직의 회복에 이르기까지 모든 것에 구리가 관여하고 있다. 비교적 흔한 원소들도 주목할 만하다. 지구상의 산소는 모두 고대의 별에서 온 것이고, DNA 특유의 나선 꼬임은 수소 결합으로 만들어진다.

아직도 새로운 원자가 발견되기도 하고 인공적으로 (서로 다른 원자를 어마어마한 속도로 충돌시키거나 한다) 만들어지기도 해서, 앞으로 주기율표(121쪽 참조)가 얼마나 더 길어질지는 알 수 없다. 어떤 과학자들은 한계가 없을 것이라고 하지만, 어떤 사람들은 더 이상 무거운 원자가 존재할 수 없는 지점이 존재할 것이라고도 한다.

우리가 볼 수 없고 앞으로도 보지 못할 모든 것에 감사한다.

항성도 움직인다

FIXED STARS ARE NOT FIXED

행성과는 달리 별은 움직이지 않는 것처럼 보인다. 별은 늘 같은 자리에 있고 밝기도 일정해서 항성이라고 부른다. 고대의 천문학자들은 밤하늘의 천체들을 일정한 배열을 유지하면서 뜨고 지는 항성恒星과 그렇지 않고 움직이는 행성行星으로 구분했다. 항성은 별자리로 구획을 나누면 쉽게 알아볼 수 있었고, 위치를 파악하거나 농사를 계획할 때, 날짜 지나는 것을 파악할 때 유용하게 쓰였다. 별자리를 뜻하는 영어 단어 'constellation'은 '함께 빛나다'라는 뜻의 후기 라틴어 'constellationem'에서 왔다.

육안으로 볼 수 있는 별의 개수는 대략 9,000개에 달한다. 지구로부터 다양한 거리에 있는 이 별들은 우리 은하 이곳저곳에 널리 퍼져 있고 각자 나름의 행성계를 갖고 있다. 천문학에서는 별에 보통 번호를 붙여 부른다. 다양한 종류의 '별 목록'을 만드는 것은 바빌론과 같은 고대 문명에서부터 늘 있어온 일이다.

사실 '항성'은 가만히 있지 않고 늘 움직이고 있다. 너무 천천히 움직이기 때문에 인간의 시간 규모에서 인지하기 어려울 뿐이다. 19세기까지만 해도 별의 이동에 대해서는 정확히 측정된 바가 없었다. 지구의 자전과 공전 때문에 별이 움직이는 것처럼 보이는 '겉보기 운동' 외에도 별은 실제로 움직이고 별들이 속한 은하 자체도 자전한다.

어떤 것도 절대적으로 멈춰 있지 않은데도 오늘날의 밤하늘은 수천 년 전의 밤하늘과 아주 비슷해 보인다. 현대의 별자리 중 일부는 바빌론에서 이름 붙였던 것이고, 그리스식이나 로마식 이름이 붙어 있는 별자리도 있다. 우리 머리 위의 천구는 88개의 공식 별자리로 나뉘어 있다. 영원할 것만 같은 빛나는 작은 점들은 사실 서로 아주 다른 거리에 제각각 존재한다. 그러나 우리는 밤하늘을 2차원으로

바라보기 때문에 별자리 그림에서 볼 수 있는 것처럼 밤하늘의 별들을 가상의 선으로 연결해 상상 속의 윤곽을 만들어내곤 한다.

영원한 진실은 없다

IT WON'T BE TRUE FOREVER

과학적 개념은 다른 어떤 아이디어보다 훨씬 더 믿을 만하고 진실일 가능성이 크다. 근거가 있고, 여러 사람이 검토하고, 엄격하고 긴 실험을 거친다. 그러나 과학적 개념이라고 해서 영원불변한 것은 아니다. 관련 지식이 증가함에 따라 그 가치의 변화도 불가피하다.

오늘날 우리가 사실이라 여기고 믿는 모든 것이 영원히 옳을 수는 없다. 분야에 따라서는 어떤 지식이 몇 년 만에 쓸모없어지기도 한다. 새로이 알게 되는 것이 있으면 기존에 알려진 것의 오류가 밝혀지기도 하고 지식의 빈틈이 채워지기도 한다. 그렇게 해서 우리는 세상을 더 잘, 정확하게 알게 된다.

과학은 천천히 그러나 분명히 실체적 진실을 향해 나아간다. 우리가 사는 시대는 지식과 해석이 우리 자신보다 더 빠르게 바뀌기도 한다. 과학 계량학은 그런 변화를 탐구하는 과학 분야다. 시간에 따라 지식이 어떻게 성장하고 진화하는지 연구한다.

어떠한 지식의 오류가 발견되는 데 걸리는 시간을 예측해볼 수 있다. 한때 사실로 받아들여졌던 것이 파기되는 데 걸리는 시간은 '지식의 반감기'라고 불리는 수학 곡선으로 표현된다. 불안정한 원자들의 방사성 반감기처럼 어떤 특정 지식이 무효화되는 시기가 정확히 언제인지는 알 수 없지만, 반감기라는 틀 안에서 지식의 총체를 바라볼 수는 있다. 지식의 반감기는 우리가 알고 있는 지식 전체의 절반이 틀린 것으로 밝혀지는 데 걸리는 시간에 대한 측정값이다. 예를 들어 의학 분야 지식의 반감기는 45년에 불과하지만 수학 분야의 반감기는 훨씬 길다. 수학적 지식이 전복되는 일은 거의 일어나지 않기 때문이다.

미국의 작가 아이작 아시모프는 이런 현상을 다음과 같은 멋진 말로 표현

했다. "지구가 평평하다는 생각은 틀렸다. 지구가 구형이라는 생각도 틀렸다. 그러나 지구가 구형이라는 주장이 지구가 평평하다는 주장만큼이나 틀렸다고 생각한다면 그 둘을 합쳐놓은 것보다 더 틀렸다."

그렇다고 불안해할 것은 없다. 모든 것이 그렇듯이, 지식의 성장과 해체에도 다른 어떤 것에 못지않은 형태와 질서가 있다.

감사의 말

ACKNOWLEDGMENTS

이 책의 근간을 제공한 모든 사람을 여기 나열하고 싶지는 않다. 누군가가 얼마나 훌륭한지를 말로 설명한다는 것이 아무런 의미도 없을 때가 많지 않은가.

그래도 말이 나와서 말인데, 어떤 감사의 말로도 부족한 사람들이 있다. JVNLA의 제니퍼 웰츠, 누구나 자신의 저작권 에이전트에 대해 이렇게 말하겠지만, 의심할 여지 없이 당신이 최고야. 메그 레더, 이 책이 어떤 책이 될지 단박에 이해하고 친절하게 격려해준 나의 눈부신 편집자. 섀넌 켈리, 사브리나 바우어스, 엘리자베스 야페, 그밖에 다양한 방면으로 이 책에 도움을 준 펭귄출판사 여러분. 내가 어느 누구도 눈치 챌 수 없을 것 같은 지극히 사소한 것에 거의 강박적으로 집착하도록 내버려둬 준 것에 감사드린다.

이 책을 마무리하는 데 이례적으로 중요한 역할을 한 사람들이 있다. 언제나 나보다 더 들떠서 나의 호기심을 가장 많이(틀림없이 최고로) 발휘할 수 있게 해준 캐시, 브라질에서와 그 뒤로도 평안한 고요 속에서 원고를 쓸 수 있게 해준 닉, 그리고 내게 다양한 크기와 형태로 영향을 준 수많은 이름 모를 사람들에게도 감사를 전한다.

옮긴이의 말

우주에 관한 책을 찾는 사람들에게 “당신의 우주는 어떻게 생겼나요?”라는 질문을 던져본 일이 있다. 직장 동료와 가족을 언급하는 사람도 있었고, 심리 상태를 빗대어 표현하는 사람도 있었다. 우주란 누군가에게는 그가 하는 일이고, 누군가에게는 자신을 둘러싼 사람이며, 누군가에게는 끝없는 암흑 속 흐릿한 공간이거나 광막한 공간 어느 한 구석을 따뜻하게 해주는 모닥불인 모양이다. 천문학자에게 우주란 보이거나 보이지 않는 수많은 물질이 흩어진 공간이고, 물리학자에게는 자연의 법칙에 따라 엄밀하게 움직이는 계다. 생명을 보듬는 사람은 생명체 하나마다 우주가 하나씩 들어 있다고 할 수도 있고, 사랑에 빠진 연인들은 서로가 서로에게 유일한 우주가 되어줄 것이다.

엘라 프랜시스 샌더스는 《우아한 우주》에서 그토록 다양한 우주의 면면을, 그리고 우주가 담고 있는 소중한 존재들을 돌아본다. 감성적인 필치를 유지하면서도 적확한 사실을 짚어준다. 우주를 이루는 것에 대해 말할 때 과학자들이 사용하는 용어를 설명하고, 일상에서는 자주 생각해볼 일이 없었던 과학적 개념을 꺼내 열어 보여준다. 과학은 본래 어려운 것이지만, 과학의 이쪽저쪽을 맛보며 걷는 발걸음은 힘차고 가벼운 법이다.

재치 있는 문장을 하나하나 진중히 읽어 내려가는 독서와 독특한 색감의 아름다운 삽화를 살피는 것은 즐거웠으나 그 즐거움을 우리나라 독자에게 오롯이 전달하는 것은 또 다른 차원의 일이었다. 언어와 문화의 차이라는 틈새와 옮긴이의 오해라는 틈새로 자꾸만 튀어나오는 거스러미들을 매만지고 또 매만지며 눈엣가시가 되지 않기를 바랐고 또 바란다.

이 책에서 작가의 시야를 통해 바라보는 우주는 과연 조화롭게 쓰인 한 편의 장대한 서사시가 아닐까 생각한다. 그러한 우주를 함께 읽어 내려가는 다정한 여정에 징검다리 하나를 놓을 수 있었음에 감사한다.

2021년 11월

심채경

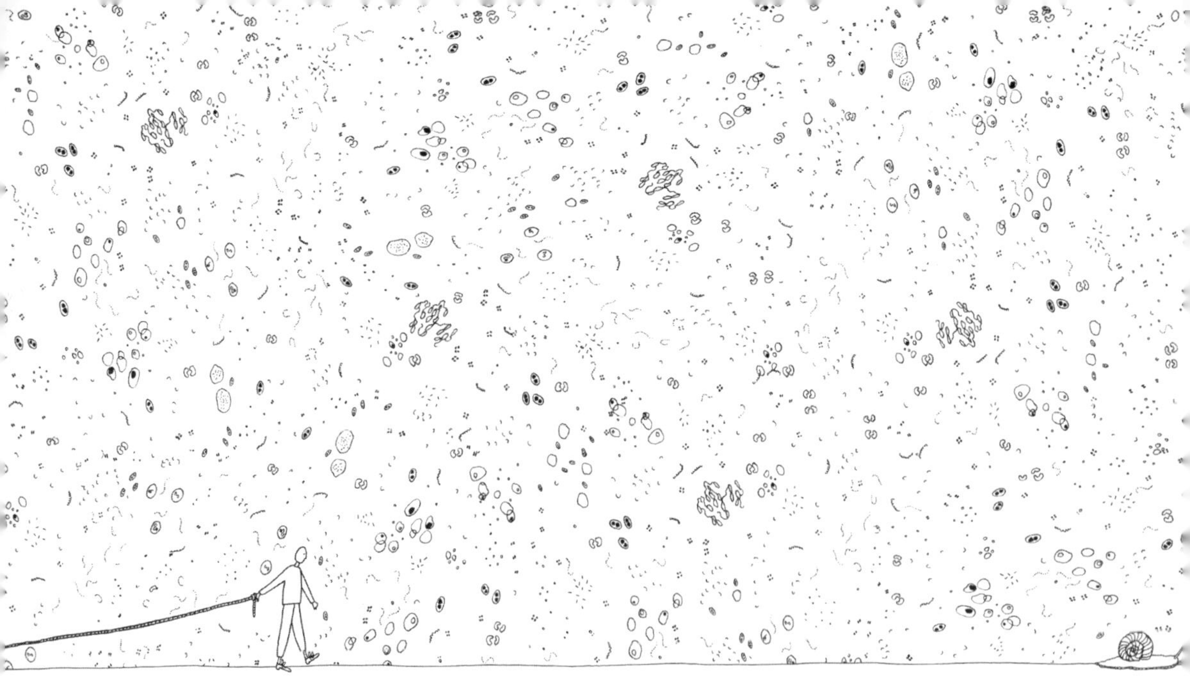

우아한 우주

1판 1쇄 펴냄 2021년 11월 20일
1판 6쇄 펴냄 2024년 6월 10일

지은이 엘라 프랜시스 샌더스
옮긴이 심채경
편 집 안민재
디자인 룩앳미
제 작 아트인

펴낸곳 프시케의숲
펴낸이 성기승
출판등록 2017년 4월 5일 제406-2017-000043호
주 소 (우)10885, 경기도 파주시 책향기로 371, 상가 204호
전 화 070-7574-3736
팩 스 0303-3444-3736
이메일 pfbooks@pfbooks.co.kr
SNS @PsycheForest

ISBN 979-11-89336-43-1 03400

이 책의 내용을 이용하려면 반드시 저작권자와
도서출판 프시케의숲에 동의를 받아야 합니다.